细胞生物学实验指导

主　编　陈成彬　王宏刚

副主编　宋文芹　王春国

编　者（按姓氏汉语拼音排序）

白艳玲（南开大学）　　陈　力（南开大学）

陈成彬（南开大学）　　黄桂安（青岛农业大学）

宋文芹（南开大学）　　王春国（南开大学）

王宏刚（南开大学）　　魏　远（南开大学）

赵素然（南开大学）　　朱玉山（南开大学）

科学出版社

北　京

内 容 简 介

本书为包含数字化教学资源的新形态教材,由南开大学细胞生物学实验课程组、细胞工程实验课程组、遗传学实验课程组的任课老师们根据多年实验教学实践的经验和体会编写而成。全书共分基本实验仪器简介及使用方法、经典细胞生物学实验技术和现代细胞生物学实验技术三部分,共53个实验,基本涵盖了细胞生物学领域常用的基本实验操作方法,包括细胞化学、细胞培养、细胞转染、细胞周期测定、间接免疫荧光标记、荧光原位杂交、细胞凋亡的检测等。

本书适合作为高等院校生命科学类、基础医学类、农林类、药学类、环境科学类等专业本科生细胞生物学实验的教材使用,也可供相关专业研究生、实验技术人员参考。

图书在版编目(CIP)数据

细胞生物学实验指导/陈成彬,王宏刚主编. —北京:科学出版社,2021.6
ISBN 978-7-03-069007-4

Ⅰ.①细… Ⅱ.①陈… ②王… Ⅲ.①细胞生物学-实验-高等学校-教材 Ⅳ.① Q2-33

中国版本图书馆 CIP 数据核字(2021)第 103018 号

责任编辑:刘 畅/责任校对:严 娜
责任印制:张 伟/封面设计:迷底书装

科 学 出 版 社 出版
北京东黄城根北街 16 号
邮政编码:100717
http://www.sciencep.com

北京凌奇印刷有限责任公司 印刷
科学出版社发行 各地新华书店经销

*

2021年6月第 一 版 开本:720×1000 1/16
2022年7月第三次印刷 印张:10 1/2
字数:212 000

定价:39.80 元
(如有印装质量问题,我社负责调换)

前　言

  细胞生物学是生命科学的重要支柱和核心学科之一，是生命科学及相关专业本科生知识结构中非常重要的一环。同时，细胞生物学也是一门实验性很强的学科，细胞生物学科研中的许多重大发现都源于实验技术的不断创新，因此掌握细胞生物学实验技术和研究方法，对于从事生命科学基础研究和应用研究是十分必要的。

  作为一门面向生命科学类专业所有本科生开设的基础性实验课，细胞生物学实验的主要教学目的是通过基本实验操作的练习及对实验结果的观察分析，帮助学生了解并掌握有关的实验技术原理和操作方法，训练学生动手实践、观察分析和解决问题的能力，培养学生的科研兴趣和创新思维能力。为了达到这一目的，本书对细胞生物学领域的基础实验技术的实验原理和方法进行了较为详细的介绍，并针对实验的难点和重点编写了注意事项和思考题来帮助学生学习。

  本书秉承服务本科基础性实验课教学的宗旨，在编写过程中力求突出基础性实验技术操作方法的规范性。本书对普通显微镜的使用、细胞培养等常用实验技术做了非常详细的介绍，以帮助基础较弱的低年级本科生准确地掌握这些实验技术的要点。考虑到基础性实验课每次课时较短的特点，本书设计了多个基础性实验，这些实验都可以在 3~5 个学时内完成，如细胞核与细胞器的观察、卡宝品红染色观察细胞有丝分裂等。本书还设计了一些内容较多、流程较长的实验供任课教师开设综合性、开放性实验时使用，如不同药物处理后肿瘤细胞生长活力的检测、雄性小鼠减数分裂前期 I 染色体联会形态观察等。本书还配套了部分实验的参考操作视频，读者可扫码观看，方便进一步学习。

  本书在编写过程中受到了南开大学生命科学学院、生物国家级实验教学示范中心（南开大学）和科学出版社的大力支持，谨向他们表示衷心的感谢。因编者水平有限，书中难免存在不足之处，敬请广大读者批评指正。

编　者

2021 年 5 月于南开园

实验守则

为了使学生养成良好的实验素养，保障实验的安全，较好地完成实验课的学习，特提出以下要求。

一、每次实验前必须充分预习实验内容，查看与实验相关的理论知识，充分了解实验的目的、原理和方法，做到每一步实验心中有数，避免发生错误，提高实验的效率。

二、遵守实验纪律，按时到达实验室，不得迟到或早退。进入实验室之前要换好实验服并佩戴胸卡。

三、不得将与实验无关的物品带入实验室，如食物、饮用水等。

四、进入实验室后，请将手机调至静音或震动状态。实验过程中，保持安静，不许在实验室内大声喧哗及随意走动。

五、开始实验之前，按照教师提供的清单检查个人实验用品是否齐全。

六、必须严肃认真地进行实验，实验期间不得进行任何与实验无关的活动。

七、爱护仪器设备和标本，如遇仪器损坏或出现问题，应及时报告任课教师，不得自行修理，损坏仪器设备应按有关规定进行赔偿。

八、注意节约实验材料、试剂，节约用水、用电等。

九、保持实验室内清洁整齐。实验结束后，各组必须认真清理各自的实验台面，值日生负责清扫实验室，关好水、电开关和门、窗等，经教师允许后方可离开实验室。

十、实验报告为平时考查的内容之一，应按照要求书写和完成。

十一、如有不遵守上述要求者，任课教师可以停止其实验，并取消其该次实验成绩。

数字资源列表

本书配套数字化教学资源如下：

实验名称	对应的二维码	实验名称	对应的二维码
实验一　普通光学显微镜及使用方法		实验三十二　台盼蓝染色法显示凋亡细胞	
实验七　细胞核与细胞器的观察		实验三十三　吖啶橙荧光染色显示凋亡细胞	
实验八　线粒体的活体染色技术		实验三十五　植物细胞骨架微丝的观察	
实验九　植物叶绿体数目和形态的观察		实验三十六　叶绿体密度梯度离心提取与荧光观察	
实验十　Unna 反应鉴定两种核酸在细胞内的分布		实验三十七　植物细胞微丝的荧光观察	
实验十一　Feulgen 反应显示 DNA		实验三十八　药物对动物细胞中内质网分布的影响	
实验十二　吖啶橙荧光染色显示 DNA 和 RNA		实验三十九　动物细胞骨架微管蛋白的免疫荧光观察	
实验十三　人类体细胞间期核内性染色质显示方法		实验四十　鬼笔环肽标记法观察动物细胞微丝的分布	
实验十七　细胞内碱性蛋白质与酸性蛋白质的显示		实验四十五　雄性小鼠减数分裂前期 I 染色体联会形态观察	
实验二十　细胞中过氧化物酶的显示		实验四十六　端粒序列的荧光原位杂交定位	
实验二十六　小鼠胚胎成纤维细胞原代培养		实验四十七　5S rDNA、45S rDNA 和 SSR 在黑麦中期染色体上的荧光原位杂交	

实验名称	对应的二维码	实验名称	对应的二维码
实验四十八　动物细胞有丝分裂过程的荧光观察		实验五十二　TUNEL 法检测细胞凋亡	
实验五十　电穿孔法诱导细胞融合实验		实验五十三　Annexin V-FITC 和 PI 联用检测细胞凋亡	
实验五十一　脂质体介导的动物细胞转染			

目　　录

第一部分　基本实验仪器简介及使用方法

第二部分　经典细胞生物学实验技术

第三部分　现代细胞生物学实验技术

第一部分

基本实验仪器简介及使用方法

普通光学显微镜及使用方法

扫码看视频

【实验目的】

1. 掌握普通光学显微镜的结构和成像原理。
2. 掌握普通光学显微镜的使用方法。

【实验原理与方法】

细胞的发现和光学显微镜的发明分不开。光学显微镜简称显微镜或光镜，是利用光线照明微小物体形成放大影像的仪器。显微镜的发明和使用已有 400 多年的历史。1590 年前后，荷兰的汉斯（Hans）父子创制了放大 10 倍的原始显微镜。1665 年，英国物理学家胡克（R. Hooke，1635—1703）创造了第一架具有科学研究价值的显微镜，并首次观察了木栓的纤维图像，发现了细胞。真正观察到活细胞的是荷兰科学家列文虎克（Antonie van Leeuwenhoek, 1622—1723），他利用自制的显微镜首次观察到了活细胞。

一、普通光学显微镜的成像原理

普通光学显微镜从结构上可分光学、照明、机械 3 个部分。作为显微镜核心部分的光学部分包括目镜、物镜和聚光器。

光学显微镜的物镜和目镜的结构虽然比较复杂，但它们的作用都相当于一个凸透镜。因此，光学显微镜的成像也是基于凸透镜的成像原理。在成像时，聚光器将光线汇聚到被检标本，标本位于物镜一侧 1~2 倍焦距之间，故物镜可使标本在物镜的另一侧形成一个倒立的放大实像，该实像又位于目镜 1 倍焦距之内，目镜可使其在目镜同侧形成一个正立的放大虚像。经过物镜和目镜的两次成像，就可以观察到一个倒立的放大虚像（图 1-1）。

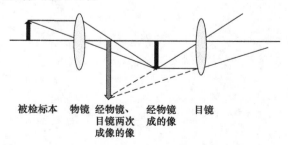

被检标本　物镜　经物镜、　经物镜　目镜
　　　　　　　目镜两次　成的像
　　　　　　　成像的像

图 1-1　普通光学显微镜成像原理图

二、普通光学显微镜的基本结构

普通光学显微镜（图 1-2）的基本结构包括机械、照明和光学 3 个部分。

机械部分主要由镜座、镜臂、粗准焦螺旋、细准焦螺旋、载物台、标本夹、标本推进器、物镜转换器、目镜镜筒等组成。机械部分的主要功能包括支撑显微镜、固定标本装片等。

照明部分由光源、亮度调节旋钮组成，现代显微镜一般都采用电光源照明，通过亮度调节旋钮控制亮度。

光学部分由目镜、物镜和聚光器组成。

在显微镜的结构中，几个常用术语含意如下。

明视距离：从眼睛的晶状体到放大的虚像的距离，为 250mm。

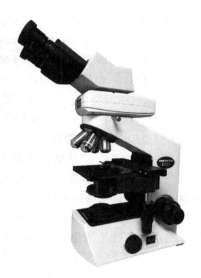

图 1-2　普通光学显微镜

机械筒长：镜筒管上缘到物镜螺旋肩基部的长度，以 mm 表示，一般为 160mm。

光学筒长：由物镜的上焦平面到目镜的下焦平面之间的距离。其长度随机械筒长及物镜而不同，光学筒长略小于机械筒长。

三、普通光学显微镜的光学部分

1. 显微镜的基本光学参数

1）分辨力　　分辨力（resolving power）也叫分辨本领或解像力，是光镜最重要的性能指标，定义为在 250mm 的明视距离处，能分辨清楚尽可能近的两点的能力，即分辨出标本上相互接近的亮点间的最小距离的能力。据测定，人眼的分辨力约为 0.2mm，而显微镜的分辨力可达 0.2μm。显微镜的分辨力由物镜的分辨力决定，物镜的分辨力就是显微镜的分辨力，而目镜与显微镜的分辨力无关，它只是将物镜已分辨的影像进行第二次放大。显微镜的分辨力（R）可用下式计算：

$$R=0.61\lambda/N.A.$$

式中，λ 为照明光源的波长；N. A. 为物镜的数值孔径（numerical aperture，N. A），也称镜口率，由两个参数组成，即 N. A. $=n \cdot \sin(\alpha/2)$。N. A. 等于物镜和被检标本之间介质的折射率（n）与物镜所接受光锥的顶角（α，即镜口角）一半的正弦值的乘积。物镜与标本之间介质的折射率，空气为 1，水为 1.33，油为 1.5 左右。$\sin(\alpha/2)$ 的最大值为 1，n 的最大值为 1.5。将这些数值代入公式，得到光学显微镜的最大分辨力 $R=0.61\times0.5\mu m/1.5=0.2\mu m$，即光学显微镜的最大分辨力约等于可见光最短波长的一半。细胞内的结构如线粒体、叶绿体、中心体、核仁等在这种分辨力水平观察到的结构，称为显微结构。

2）放大率　　放大率（magnification）也称放大倍数，是光镜性能的另一重要参数，是眼睛看到像的大小与对应标本大小的比值，放大倍数是指长度而不是指面积或体积。一台显微镜的总放大倍数等于目镜放大倍数与物镜放大倍数的乘积。

$$目镜放大倍数\ MF_目＝250mm/f'_目$$
$$物镜放大倍数\ MF_物＝160mm/f'_物$$

式中，250mm 为明视距离；160mm 为光学筒长；$f'_目$ 为目镜焦距；$f'_物$ 为物镜焦距。

$$显微镜的总放大倍数\ MF_总＝250/f'_目×160/f'_物$$

目镜的焦距不能太短，因为人眼瞳孔要与出射光瞳重合，一般在 10mm 以上，放大率不高，即 250/10＝25，光学筒长也不能无限延长，只有靠减小 $f'_物$ 来提高放大率。

3）焦点深度　　在视野中垂直范围内能观察到的界限为焦点深度（depth of focus），也就是调焦看清楚标本的某一物点时，不仅这一点能看清楚，此点上下两侧也能看清楚，能看清楚的厚度叫焦点深度，焦点深度 d 可用下式表示：

$$d＝kn/M\ N.A.$$

式中，k 为常数，约 0.24mm；M 为总放大倍数；n 为介质折射率。d 与 M 和 N.A. 成反比，即放大倍数越高，数值孔径越大，而焦点深度越浅。

4）工作距离　　工作距离（working distance，W.D）是从物镜的第一个镜片表面到盖玻片表面或标本表面的距离。数值孔径越大，工作距离越小，一般干燥系物镜的 N.A. 为 0.4 时，工作距离为 0.5mm，而 N.A. 为 1.4 时，工作距离只有 0.1mm。

5）亮度和清晰度　　亮度是指像的光亮程度，这与显微镜照相和投影关系极大。像的亮度与数值孔径的平方成正比，与显微镜总放大倍数的平方成反比。在自然条件下，放大倍数越高，镜像亮度越暗。现代研究用显微镜，一般多采用钨灯光源，调节电压，与自然光相比光线均匀、亮度稳定，提高入射光强度可解决高倍观察时的亮度问题。

清晰度是指显微镜形成的物像明显程度的能力。清晰度除仪器性能外，主要受盖玻片的质量和厚度影响，一定要根据物镜上的要求，正确使用盖玻片。

2. 光学透镜的像差

像差（aberration）是指白色光线通过透镜后得到一个白色的清晰像点，是影响显微镜性能的主要问题。像差有以下 6 种。

1）色差（chromatic aberration）　　由于白色光线通过透镜后，分数成各种波长的光，因焦距不同，各自形成像点，在不同像平面观察都有颜色，使像变得模糊不清。

2）球面像差（spherical aberration）　　由于玻璃透镜表面呈球状，边缘与中间厚薄不一，单色光通过时边缘与中间焦点不同，不能聚焦在同一平面上，得不到理想的像点。

3）像散（astigmatism）　　光线通过透镜后，使一点的像变成分离的，互相垂直的短线综合而成的物像使一点变成椭圆形。

4）彗形像差（coma）　物像通过透镜后不再交于一点而形成彗星拖尾形状。

5）像场弯曲（curvature of field）　像场弯曲简称场曲，光线通过透镜后虽然交于一点，但与理想的像点不重合，形成的物像不是一个平面，而是一个回转扭曲面。

6）畸变（distortion）　由于透镜对物体不同部位放大率不同而引起的物像各部分相对比例和实际不一致的变形现象，可使一四面平坦的方形物体变成四边凸出或四边内凹的图像。

制作高质量的目镜、物镜、聚光器时，需采用组合透镜的方式来消除上述像差，才能得到清晰度较高的图像。

3. 物镜

物镜（objective）是由许多片不同球面半径的凸透镜和凹透镜按严格的尺寸组合起来的。显微镜的质量高低主要取决于物镜。物镜种类繁多，性能相差悬殊，同类物镜因工艺水平的高低，性能迥异。

根据色差的校正程度，物镜可分为下列数种。

1）消色差物镜　消色差物镜（achromatic objective）是最常见的物镜，制造容易，金属外壳上不刻代表标志。该物镜校正了轴上点的色差和球面像差，使近轴点消除了彗形像差。但此物镜不能消除球面像差和二级光谱，而且像场弯曲很大，主要是由于光的波长不一，透镜的薄厚不一而导致偏差。因此，消色差物镜不适用做显微摄影。其最佳清晰范围在 510～630nm。

2）复消色差物镜　复消色差物镜（apochromatic objective）是用特殊的光学玻璃制成，纠正了可见光的红、绿、蓝 3 种色光的色差，使之聚焦于一点，质量优良。最佳清晰范围是 400～720nm，容纳了全部可见光谱。残留有像场弯曲，使平面物体形成类似球形弯曲面的像，结果使视野中心和边缘的像不能同时准焦。复消色差物镜的金属外壳刻有"APO"字样，供作识别。

3）萤石物镜　萤石物镜（fluorite objective）构成物镜的光学透镜，全部或大部分由萤石透镜取代，故名萤石物镜。色差校正介于消色差物镜与复消色差物镜之间，故又称半复消色差物镜（semi-apochromatic objective）。最佳清晰范围在波长 430～680nm 的光谱区，包括了绝大部分的可见光谱。物镜的金属外壳刻有"FL"字样。

上述 3 种物镜都残留程度不同的像场弯曲，使得视场内有不同部分的影像，不能同时准焦。镜检时，尽管可采用分区聚焦、渐次观察的方法，但显微摄影无法把分散于全视场的样品清晰地摄入一帧面幅之中。

4）平场物镜　在研究用显微镜中为了显微摄影必须校正像场弯曲的物镜称为平场物镜（plan objective）。平场物镜有多种类别，外壳上刻有不同的字样，以示区别："PL"（平场物镜）、"PL·FL"（平场萤石物镜）、"PLAN"（平场消色差物镜）和"PL·APO"（平场复消色差物镜）等，其中以"PL·APO"效果最佳。

按照前透镜与被检标本盖玻片之间的介质情况，物镜可分下列两类。

1）干燥系（dry system）物镜　镜检时，物镜与盖玻片之间不添加任何液体。例如，4×、10×、20×、40×物镜都属干燥系，使用时不加任何浸没液，只以空气为介质，其折射率为1，所以干燥系物镜的数值孔径小，分辨力也低。

2）浸没系（immersion system）物镜 物镜在使用时，前透镜与盖玻片之间浸满液体。依充填浸液的不同，主要可分为油浸系（oil immersion）和水浸系（water immersion）等类别。最常用的浸没液为香柏油（cedar oil），其折射率为1.515，与盖玻片的折射率相近，且不易干涸。使用水浸物镜时加水，其折射率为1.33。

在物镜的金属外壳上，刻有多种符号和数字分别代表物镜性能、规格、类别和使用条件等。

物镜的种类：APO（复消色差物镜）、FL（萤石物镜）、PL（平场消色差物镜）、PL·FL（平场萤石物镜）和PL·APO（平场复消色差物镜）。

放大倍数：用数字表示，如4×、10×、20×、40×、100×等。

数值孔径：其值多用数字表示，常和放大倍数写在一起，如10×/0.25、40×/0.65、100×/1.3、100×/1.4，数值孔径越大，物镜的性能越好。

标准机械筒长：显微镜的机械筒长，主要有两种标准，即160mm和170mm，用数字刻在物镜外壳上，如160、170。∞表示机械筒长为无限大，为某些特种显微镜的筒长。

需用盖片的情况：根据物镜的种类不同，镜检时在被检标本（或样品）上加或不加盖玻片。凡需加用盖玻片的物镜，在外壳上刻有需用盖玻片的厚度（mm），该值常与机械筒长写在一起，如160/0.17。

常用参数含义如下。

160/0或160/：筒长160mm/盖片厚度为0，即不需加用盖玻片（绝对不能用盖玻片）。

160/-：筒长160mm，盖玻片有无皆可。

∞/0或∞/-：筒长为无限大/盖玻片厚度为0，或筒长为无限大/盖片有无皆可。

物镜与被检样品间的介质情况如下。

干燥系物镜无符号。

油浸物镜：oil、oel、imm或HI等，并在油镜末端刻一黑环，以示油浸。

水浸物镜：w或water等。

甘油浸物镜：Glyz或Glye等。

4. 目镜

目镜（eyepiece）用来观察和放大被检物在物镜下所形成的像，也是组合型透镜，可把物镜残留下的色差、球面像差等像差进一步校正，以提高成像质量。

目镜通常由两片（组）正透镜组成，上面的透镜叫接目镜或眼透镜（eye-lens），它决定放大倍数和成像的优劣；下面的透镜叫汇聚透镜（collective lens）或场镜（field piece），它使视野边缘的成像光线向内折射，进入眼透镜中，使物体的影像均匀明亮。上下透镜的中点或场镜下面设有用金属制造的光阑叫作视野光阑或场光阑（field stop）。场镜或物镜在这个光阑面造像，在光阑上可装入各种目镜测微尺、十字线玻片和指针等。由眼透镜射出的成像光线基本上为平行光束，亦在目镜之上约 10mm 处交叉，此交叉点称为出射光瞳。

目镜观察的范围，即目镜光阑所围绕的范围，称作视场（field view）。视场的直径叫作视场宽度，多用 mm 表示。视场宽度与显微镜总放大率成反比，与物镜的放大率亦呈反比。根据视场的大小，可将目镜分为广视场目镜、补偿目镜、惠更斯目镜等。此外，目镜上还可以加装"指针"来指示视场中某个位置。

目镜根据用途可分为以下两类。

1）观察用目镜　　观察用目镜主要在肉眼观察时使用。现在一般的普通光学显微镜均为双筒目镜，即一台显微镜配有两个目镜，以方便使用者使用双眼同时观察。较高档的显微镜会在其中一个目镜上加装视度调节装置，保证双眼视力不一致的观察者在使用时左、右眼都可以观察到清晰的像。

2）照相用目镜　　照相用目镜对物镜进行光学补偿，使投射到感光底片或电荷耦合器件（charge-coupled device，CCD）芯片上的图像四周与中心尽可能在一个焦平面上，有平场和平场复消色差两种，可根据实际情况选择使用。

5. 聚光器

聚光器也叫集光器，位于载物台下方，其作用相当于一个凸透镜，可将光线汇聚到所观察的标本上，产生与物镜相适应的光束，提供较好的图像。安装在聚光器中的光阑叫孔径光阑，它收缩的大小直接影响图像的分辨力、反差和焦点深度。孔径光阑开放到最大时，即为聚光镜的数值孔径（N. A），孔径值可按聚光器上外壳上的刻度进行调节，对一般标本，光阑缩小到所用物镜的 60%～80%，不会降低解像力，反而会增加反差。实际调整时，可根据物镜的数值孔径来计算。例如，使用 $40\times$、N. A. 为 0.95 的物镜，只要调整聚光器刻度数到 0.76（0.95×0.8＝0.76），光阑就缩小了 20%，图像反差效果就会增强。

四、使用方法

下面以 Nikon 80i 显微镜为例介绍光学显微镜的使用方法。

（1）打开电源，调亮光源。

（2）将标本放到载物台上，夹紧。

（3）将低倍物镜转入光路。

（4）将聚光器调至最高。

（5）用粗准焦螺旋和细准焦螺旋对样品聚焦。

（6）目镜屈光度的调节。屈光度调节是为了修正两眼视力的差异，提高双目镜的观察效果，还能减小物镜转换时的聚焦偏差。调节方法如下：①事先把左、右目镜的屈光度调节环与刻线对齐（这是屈光度调节的参考位置）。②用低倍物镜对标本聚焦。③将高倍物镜转入光路，用细准焦螺旋对标本聚焦。④再把低倍物镜转入光路。⑤不动粗、细准焦旋钮，用目镜上的屈光度调节环对标本聚焦，注意聚焦时右边的目镜只用右眼观察聚焦，左边的目镜只用左眼观察聚焦。⑥重复③～⑤步两次。

（7）调节双目镜筒的光瞳距离。内推或外拉目镜镜筒，使两眼都能看到样品，使左、右两个视场合二为一。

（8）聚光器聚焦和对中。①用低倍物镜对标本聚焦。②将视场光阑调到最小。③旋转聚光器的聚焦旋钮，使视场光阑像在标本上聚焦。④调节聚光器上的两个对中螺钉，将视场光阑像调到视场正中。⑤把高倍物镜转到光路中，并对标本聚焦。⑥旋转聚光器的聚焦旋钮，使视场光阑像在标本上聚焦。⑦调节聚光器上的两个对中螺钉，并调节视场光阑与视场内接，将视场光阑像调到视场正中（图1-3）。

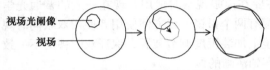

图1-3　视场光阑像调整示意图

（9）转到所需的物镜对标本进行镜检。

注意：①每次转换物镜时都要对视场光阑和聚光器光阑的数值孔径进行调整。②把视场光阑大小调整为比视场略大。③把聚光器光阑的数值孔径调整为物镜数值孔径的70%～80%。

（10）如果需要使用油镜，则在高倍物镜下将目标调到视野正中并聚焦，在标本上滴一小滴香柏油，把油镜头转入光路，轻轻调节细准焦旋钮对标本聚焦。

（11）观察完毕后取下标本，关闭电源。

（12）用镜头纸和清洗液将油镜头上的香柏油擦干净。

【注意事项】

1. 使用油镜时防止香柏油污染其他物镜。
2. 显微镜使用过程要保持镜头的干燥。

【思考题】

1. 显微镜的分辨力和放大率之间有何关系？
2. 聚光器对成像有何影响？

荧光显微镜及使用方法

【实验目的】

1. 掌握荧光显微镜的成像原理。
2. 掌握荧光显微镜的使用方法。

【实验原理与方法】

光学显微镜的发明使人们看到了生物组织中各式各样的"细胞",从而确立了著名的任何生命都是由细胞及其衍生物组成的"细胞学说",随着染色方法、实验技术的不断改进和研究的不断深入,现有的光学显微镜远不能满足研究的需要,科学家们始终在尝试对显微镜进行改造,由于光学研究的进步,诞生了一批特殊显微镜,如相差显微镜、干涉显微镜、暗视野显微镜、倒置显微镜和荧光显微镜等。这些显微镜在细胞生物学研究领域发挥了重要作用。随着现代生物学技术与光学显微镜技术的结合,进一步研制出了多种有特殊功能的光学显微镜,如激光共聚焦显微镜、原子力显微镜等,在这里主要介绍荧光显微镜。

荧光显微镜(fluorescen microscope)技术是利用多种特定波长的光线照射激发生物标本内的某些物质,使之产生可见颜色的荧光,然后进行镜下观察。荧光显微镜通常采用高压汞灯和弧光等作为光源,在光源和反光镜之间设置一组滤光片,以产生从紫外到红外的多种激发光,激发标本内的多种荧光物质生成不同的特定的发射光进入目镜。荧光显微镜主要用于定性、定位和定量地研究组织和细胞内荧光物质,目前广泛应用于医学、生物学、农业等领域。

一、荧光显微镜的基本结构及工作原理

荧光显微镜的工作原理是利用较短波长的光使样品受到激发,产生较长波长的荧光,可用来观察和分辨标本中产生荧光的成分和位置。一般采用高发光效率的点光源,经过滤色系统,发出一定波长的光作为激发光,激发标本细胞中荧光物质使其发出一定波长的荧光,产生的荧光图像再通过物镜和目镜的放大,到达观察者的眼睛。

任何一种荧光物质都有其特有的激发光谱和发射光谱,荧光发射光谱的波长比激发光谱的波长更偏于长波,但两者有部分重叠。因此,荧光显微镜的光路必须将激发光和荧光分离开,使观察者能够看到纯的荧光。

由于每种物质有着自己特定的能级结构，因此，经光能激发后能产生特定波长的荧光。细胞内部的许多成分经短波照射后，可以发出荧光，这种荧光称为自发荧光，但细胞内自发荧光一般都很微弱。细胞内有些成分可与荧光色素结合而呈现一定颜色的荧光，这种荧光称为间接荧光，利用某些成分的间接荧光，可对细胞进行细胞化学和免疫学的研究。

荧光显微镜是根据荧光物质吸收激发光后发射出荧光的原理，利用一定波长的光激发显微镜下标本内的荧光物质，使之发射荧光，呈现荧光图像。荧光显微镜的主要特点是它的光源能供给大量特定波长范围的激发光，使受检标本内的荧光物质获得必要强度的激发光。为了只让某一特定波长的激发光照射在标本上，必须在激发光源与显微镜之间的光路中安装激发滤光片，让激发光源特定波长的光通过，作为激发光。标本吸收这一激发光后，便会产生和发射荧光。为了要得到专一的荧光，还需要在物镜和目镜之间光路中安装一吸收（阻挡）滤光片，它能将标本吸收后剩余的激发光吸收掉，并且能有选择地让某一特定波长的荧光通过，而把其他非专一性的可见光挡住，不让通过。

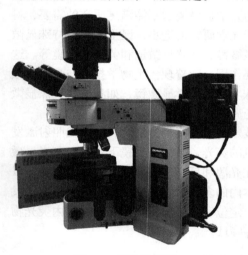

图 2-1　荧光显微镜

荧光显微镜多是在复式显微镜的架构上安装荧光装置集合而成，荧光装置包括荧光光源、激发光光路、激发 / 发射滤光片组件等器件（图 2-1）。

1. 荧光光源

一般荧光显微镜多采用汞灯做光源，能够在常用激发光波长范围内提供不连续的光谱，在几处常用的光谱线（365nm、405nm、449nm、550nm、600nm）表现有较强的光效能。

2. 激发光光路

激发光光路或称荧光照明器的主要部件是一组聚光透镜，装有光路对焦调节器；在光路中还设有孔径光阑和视场光阑调节器件、中性灰度（ND）滤光片插槽（板）、激发光分光或处理镜件等。

3. 激发 / 发射滤光片组件

激发 / 发射滤光片组件是一组具有一定带宽、带通，把激发 / 发射光谱选择性地限定在某一特定波宽内或带通的光学滤镜器件。目前多数厂家是把激发光和发射光滤光片组合在一个立方体状结构里，安装在多位盘状转换器上，置于激发 / 发射光路中（物镜与目镜间的镜筒），在与两光路的垂直位呈 45° 处置一片称为双色分光镜（dichroic beamsplitter）的滤光片选择性地透过或截止激发光和发射光。依据荧光样品的激发和发射光谱不同生产不同宽窄带宽、长短带通组合的激发 / 发射滤光片组件，如 EX470/40 或 EX480/20，表示激发光谱是在中心波长（470±20）nm 或（480±10）nm；EM522/40 或 EM500，表示发射光谱在（522±20）nm 或≥500nm（长发射通带）。

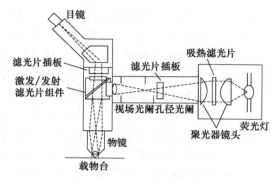

图 2-2　荧光显微镜结构示意图

荧光显微镜装置有透射式和落射式两种类型。近代荧光显微镜多采用落射式，即激发光是从物镜照射到标本，标本受激发后发出的荧光再经物镜聚光投射到观测光路，操作简单、视场均匀、高倍明亮、低倍暗。落射式荧光装置光路如图 2-2 所示。

在使用显微镜之前先检查汞灯的使用小时数，如果超出时限则必须更换汞灯灯泡。载玻片要用无荧光载玻片。油浸用的油，必须使用"无荧光镜油"。为了防止标本的荧光猝灭，不观察时要把光挡关闭。

二、荧光显微镜的使用方法

以 Olympus BX51 为例，介绍荧光显微镜的使用方法。

（1）先按明视场显微镜操作步骤操作，调整好显微镜状态。

（2）降低聚光器位置。

（3）关闭显微镜的明场电源。

（4）关闭遮光闸，阻挡落射照明。

（5）把所需的激发方法的滤色镜块转到光路中。

（6）把落射荧光附件上的视场光阑和孔径光阑开到最大。

（7）打开落射荧光附件的汞灯电源开关，按住点亮按钮 2～3s 点亮汞灯，5～10min 后等弧光达到稳定状态。

注意：为了延长高压汞灯的使用寿命，一旦启动，不能在少于 15min 内关闭。关闭高压汞灯后，要再次启动，必须等高压汞灯内的水银蒸气冷却液化后才能开启，液化时间至少需要 10min。

（8）打开遮光闸。

（9）把 10× 物镜转到光路中。

（10）标本放到载物台上，并移入光路中。

（11）对标本聚焦。

（12）对中落射荧光附件的视场光阑。①转动物镜转换器，使 10× 物镜进入光路，对样品粗略聚焦。②把照明装置上的视场光阑旋钮拉到光阑直径最小处。③使用六角扳手插进两个视场光阑对中螺丝，调节到光阑像位于视场中心。④开大视场光阑，直到光阑像和视场的周边内接。如果图像不能准确对中，重新对中，直到图像在中央。⑤开大视场光阑，使其像与视场外切。

通过调节视场光阑的大小，按照所用的物镜调节照明光束的直径，屏蔽散射光，能获得良好的图像反差。使用过程中，如果想尽可能防止样品的荧光衰退，可以缩小视场光阑，减少受光照射的观察部分。

（13）对中落射荧光附件的孔径光阑。①把遮光闸拨到关闭位置。②把物镜转换器上的对中工具转入光路。③把遮光闸拨到开放位置，让光路畅通。④缩小孔径光阑，在对中工具的窗口中能看到孔径光阑的像。⑤把照明装置上的视场光阑旋钮拉到光阑直径最小处。⑥使用六角扳手插进两个孔径光阑对中螺丝，调节到孔径光阑像位于对中工具的窗口中心。⑦对中完成后，把遮光闸拨到关闭位置，并把对中工具旋出光路。

注意：通常进行荧光观察时可把孔径光阑开到最大，这样可增加观察图像的亮度和对比度。如果使用高强度的激发光，标本的荧光容易衰减，首先应使用 ND 滤光片以减少激发光的强度。如果没有 ND 滤光片，就减小孔径光阑，也可起到相同的作用。

（14）把所需倍数的物镜转入光路，打开遮光闸进行观察。

注意：①按需要选择 ND 滤光片，ND 滤光片能降低高光度的激发光，可能延迟标本荧光的衰减，只要不影响观察就可以使用。②调节视场光阑比视野略大。③图像的亮度可通过孔径光阑进行调节。④使用油镜时，在标本和物镜之间加无荧光镜油。

（15）观察完毕后把显微镜恢复到明视场状态。①关闭遮光闸。②把激发滤色镜块旋出光路，光路中为空。

（16）关闭所有的电源开关。

（17）用擦镜纸和清洗液把油镜镜头擦干净。

【注意事项】

1. 使用荧光显微镜时要减少室内照明，在黑暗环境下观察。
2. 启动高压汞灯后不能立即关闭，至少要在工作 15min 之后才能关闭。
3. 使用过程中，要保证高压汞灯的散热，不要在灯箱上覆盖其他物品。

【思考题】

1. 荧光显微镜激发光的亮度可以调节吗？如何调节？
2. 荧光为什么会猝灭？如何减少荧光的猝灭？

实验三

倒置相差显微镜及使用方法

【实验目的】

1. 掌握倒置相差显微镜的成像原理。
2. 掌握倒置相差显微镜的使用方法。

【实验原理与方法】

相差显微镜（phase contrast microscope）的基本原理是利用光的衍射和干涉特性，将穿过生物标本的可见光的相位差转换为振幅差（明暗差），同时吸收部分直射光线以增加反差，因此可以提高标本中各种结构的明暗对比度。

光波具有相位、频率、振动、振幅等特性，人眼只能识别波长（颜色）和振幅（亮暗），而相位的改变人眼是看不到的。显微镜下能观察到物体，大都是由于光波振幅的改变，物体表现出明暗程度的不同。有些标本经过染色后，可以看得更加清楚，这是由于改变了光波的波长。染色虽然有利于观察，但是也可能破坏细胞的内部结构。透明的物体不能改变振幅和波长，只能使光波的相位发生改变，相差显微镜的原理是使相位的差异变为振幅的差异，从而使透明的物体能够被看清楚。

相差显微镜的聚光器下有一个环状光阑，使光线只能从环状部分通过，形成一个空心圆筒状的光柱，通过聚光器照在玻片的标本上。另外，在物镜的后焦平面上加一环状相板，相板的环槽上涂一层银，它能使光波阻滞 1/2 或 3/4 相位，阻滞 1/2 相位的，显微镜视野是暗色的，观察到的物体是亮色的；阻滞 3/4 相位的，视野是亮色的，观察到的物体是暗色的。相差显微镜聚光器内环状光阑的直径与宽度必须与不同放大倍数的相差物镜透光光阑一一匹配。

倒置显微镜与一般正置显微镜的成像原理是完全一样的，只不过光路方向相反，其光源在显微镜最上方，聚光器在载物台上方，物镜在载物台下方。其优点是物镜的工作距离长，聚光器和载物台之间的空间大，可以观察培养瓶或培养皿中的活细胞。一般倒置显微镜都是相差显微镜（图3-1），可观察未染色的活细胞。

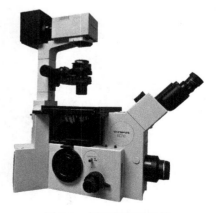

图 3-1　倒置相差显微镜

下面介绍一下倒置相差显微镜的使用方法。

（1）将相差物镜和相差聚光器装入显微镜。

（2）把相差聚光器"0"位旋入视场，先按明视场显微镜操作步骤操作调整好显微镜状态。

（3）光轴中心的调节。①把相差物镜旋入光路，同时将相差聚光器上与物镜相配的环状光阑旋入光路中。②卸下一只目镜，换上调节中心望远镜。③调焦使光环和相差暗色环图像清晰。④旋动相位聚光器上的中心调节螺杆，调整光环和暗色环重合。⑤取下调节中心望远镜，插上目镜即可进行观察。

注意：每换一次物镜，都要使相差聚光器上的光环与物镜放大倍数一致，并进行光轴中心调节。

【注意事项】

1. 使用倒置相差显微镜观察时，标本不宜过厚。

2. 使用完毕，要及时将观察的物品从载物台上取下。

3. 要根据物镜镜头上的标志来选择合适的环状光阑。

【思考题】

1. 跟普通光学显微镜相比，倒置相差显微镜将光路倒置有什么优势？

2. 为什么不同的相差物镜镜头要选择与之相适应的环状光阑？

显微摄影技术

【实验目的】

1. 了解显微摄影技术的发展。
2. 了解常用的显微摄影技术的应用。

【实验原理与方法】

记录显微图像是细胞生物学研究中不可缺少的内容，传统的方式是胶卷显微摄影。这种方法拍摄的照片不能立拍即现，必须经过冲洗、扩印；在做成电子文档时细节有损失，并且使用普通相机进行显微摄影，技术要求过高、操作复杂。随着数码相机的普及和品质的不断提高，数码显微摄影逐渐取代了传统的显微摄影。

数码显微摄影一般使用数码相机通过接口和显微镜组合在一起，然后将数码相机和计算机相连。数码显微摄影的优点是，拍摄的照片即时观看，减少废片率，照片即时传入计算机，分析软件即可分析出结果，大大缩短了因冲洗照片而耽误的时间，从而解决了实验连续性问题。

1. 传统胶卷显微摄影

（1）显微摄影装置：具有显微摄影功能的显微镜皆为三筒镜筒，向上的一端称照相镜筒，内装照相目镜，顶部安装照相机，带有取景器。装入胶卷后可通过自动曝光系统自动拍照。

（2）物镜和目镜的选择：照相的物镜选用平场复消色差镜头，照相目镜选用能够充分发挥性能的，即配合物镜能起到补偿作用的目镜。

（3）观察：正确调节显微镜使其发挥最佳效能，在视场中使拍摄部位清晰可见。

（4）滤光片的选择：根据标本的颜色选用不同滤光片以增强图像的反差。

（5）对焦：调整光路转换拉杆使照相镜筒进入光路，旋转取景器上的螺旋，直至可以清楚地看到双十字线。将拍摄部分移到双十字线的中心，再用显微镜的微调聚焦，使图像十分清晰，与照相机底片上的焦距同步。

（6）曝光：利用显微摄影自动曝光系统进行拍照，仪器感光度要与胶卷的感光度设定相符。曝光时间显示过短或过长，用补偿装置延长或缩短。

2. 普通数码相机显微摄影

普通数码相机可通过特殊的接口与显微镜的照相镜筒相连，拍照时关掉闪光灯，曝光方式采用自动，取景时可用液晶屏监视，通过调整变焦按钮调整取景区域，对焦时先半按快门再用显微镜的微调聚焦，使图像十分清晰后，按下快门，照相完成，文件可通过数据线转入计算机中处理。操作步骤如下。

（1）调整好光学显微镜，找到要拍照的区域并移动到视野中间。

（2）把光路转换到照相镜筒。

（3）打开数码相机电源，拍摄模式设为自动，关闭闪光灯。

（4）用液晶屏取景，可通过螺丝刀调节接口固定螺丝，转动相机调整摄影方向，并可用相机的变焦按钮调整取景区域。

（5）半按快门，同时用显微镜的微调聚焦，使图像十分清晰后，按下快门照相完成。

（6）通过数据线将拍摄图像转入计算机。

随着科技的发展，普通数码相机显微摄影的控制系统由相机转向计算机，由计算机进行摄影参数的控制和图像的处理，使得参数的控制更加精确。

3. 冷 CCD 显微摄影

普通数码相机只能完成一般明场的拍摄，暗场摄影尤其是荧光显微摄影就不适合了。由于光线很弱需要长时间曝光，荧光成像应采用科学级芯片，最好使用冷CCD，以消除荧光成像遇到的暗流干扰。

冷 CCD 通过专门的接口与显微镜相连，通过数据线与计算机相连，冷 CCD 的控制通过计算机完成，在屏幕上可以直接看到镜下的标本，对焦通过计算机屏幕监视完成，拍摄的各项参数通过计算机设定，拍摄的图像直接保存到计算机的硬盘上。

【注意事项】

1. 实验结束要及时关闭冷 CCD 的开关。
2. 冷 CCD 不宜长时间工作。

【思考题】

1. 显微摄影技术与传统摄影技术有哪些不同点？
2. 为什么荧光显微镜下进行显微摄影必须要用冷 CCD ？

实验五

细胞培养无菌操作技术

【实验目的】

1. 了解无菌操作在细胞培养中的重要性。
2. 掌握细胞培养过程中无菌操作的方法。

【实验原理与方法】

因为体外培养的细胞缺乏机体抗感染功能，所以在每一步操作中要尽可能做到最大限度无菌操作，防止污染。

1. 培养前的准备

穿好灭菌的工作服，根据实验内容的要求，准备好已消毒干燥的所需用品，清点无误后按方便使用的原则摆放在超净工作台内。

2. 超净工作台的消毒

在进行实验操作前，打开紫外灯照射消毒 20~30min，然后关闭紫外灯，打开风机，流入的空气是经过除菌板过滤的空气。为防止培养细胞和培养液等受到紫外线照射，消毒前应预先放在带盖容器内或在消毒后放入，消毒后放入必须用酒精棉球擦拭消毒或用 75% 乙醇喷淋灭菌。

3. 洗手

洗净双手，然后用 75% 乙醇或 0.2% 新洁尔灭擦拭。

4. 火焰消毒

在超净工作台中操作时，首先要点燃酒精灯，此后一切操作（如打开和加盖瓶塞、使用吸管等）都要经过火焰或在靠近火焰处进行。

5. 操作

进行培养操作时动作要准确敏捷，不能用手触及器皿的消毒部分。酒精灯置于超净台工作台中央。培养液等不要过早开瓶，打开的培养液和培养瓶等应保持斜立或平放，长时间开口直立容易增加落菌机会。吸取各种用液的吸管均不能混用，以减少污染的机会。对组织细胞培养工作来说，污染是随时可能发生的，因此要做好组织细胞培养有关的实验，成功的关键之一就是避免污染。

培养细胞中的污染不仅仅指各类微生物的污染，如细菌、真菌、病毒和支原体等，也包括所有混入培养环境中对细胞生存有害的化学成分的污染和不同种类其他细胞的交叉污染。后两种污染比较容易预防，而微生物的污染比较难处理，通常培养细胞发现污染后应尽快弃之，以防污染扩大影响其他细胞。防止污染的关键在于树立严格无菌操作的理念，严谨规范进行每一步的操作。

判断所培养细胞是否被微生物污染，除了可以通过常用的方法目测、倒置显微镜观察外，还可以通过一些特殊的染色鉴定、微生物培养实验、免疫学和分子生物学等方法进行确定。

【注意事项】

1. 进入细胞培养室或使用超净工作台之前应确保紫外灯处于关闭状态。
2. 使用酒精灯之前要确认灯内酒精的量，不能太少，也不能过满。

【思考题】

1. 使用超净工作台前应做好哪些准备工作？
2. 细胞培养无菌操作技术有哪些要点？

细胞计数技术

【实验目的】

1. 掌握细胞计数的方法。
2. 掌握血球计数板的使用方法。

【实验原理与方法】

培养的细胞在一般要求有一定的密度才能生长良好，所以要进行细胞计数。计数结果以每毫升细胞数表示。细胞计数的原理和方法与血细胞计数相同。

1. 制备细胞悬液

对于悬浮培养的细胞，可直接进行步骤 2。如果计数对象为贴壁生长的细胞，首先需将培养物制备成细胞悬液，计数后调整细胞浓度至 1×10^6 个 /ml 左右。细胞计数及密度换算过程如下。

（1）终止培养，将培养液吸出，用磷酸盐缓冲液（PBS）洗培养物一次。

（2）向培养瓶内加入 1ml 0.25% 胰蛋白酶溶液，于 37℃消化 1～3min。其间在显微镜下观察，当细胞变圆接近脱壁时，吸弃消化液。

（3）加入一定量的培养液（如果这些培养细胞不再有用，可加 PBS），用吸管吹打，使细胞脱壁而制成细胞悬液。

2. 细胞计数

（1）将血球计数板及盖玻片擦拭干净，并将盖玻片盖在计数板上。

（2）将细胞悬液吸出少许，滴加在血球计数板与盖玻片边缘，使盖玻片和计数板之间充满悬液（图 6-1）。

（3）静置 3min。

（4）镜下观察。在显微镜下，用 10× 物镜观察计数板四大格细胞总数（图 6-2）。计数时应遵循一定的路径，

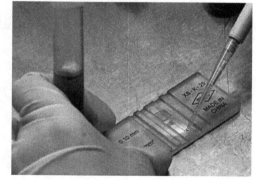

图 6-1　加样

对横跨刻度上的细胞，依照"数上不数下，数左不数右"的原则进行计数，即细胞压中线时，只计左侧和上方的细胞，不计右侧和下方的细胞（图 6-3）。计数细胞时，数 4 个大方格的细胞总数，然后按下式计算：

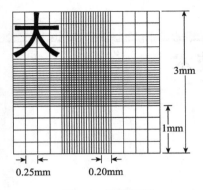

图 6-2　计数区域

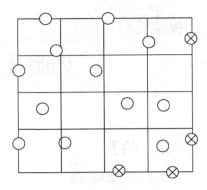

图 6-3　计数规则

○表示可计数；⊗表示不计数

$$细胞数/ml＝（4个大方格细胞总数之和/4）×10^4$$

若原液稀释一定倍数后，再进行细胞计数，则：

$$原液中细胞密度（细胞数/ml）＝（4个大方格细胞之和/4）×10^4×稀释倍数$$

【注意事项】

1. 取样计数前，应将细胞悬液充分混匀。在连续取样计数时，尤应注意这一点。否则，前后计数结果会有很大误差。

2. 显微镜下计数时，遇见由两个以上细胞组成的细胞团，应按单个细胞计算，若细胞团占 10% 以上，说明消化不好，需重新制备细胞悬液。

3. 计数细胞时，如发现各大方格的细胞数目相差 8 个以上，表示细胞分布不均匀，必须把稀释液摇匀后重新计数。

【思考题】

哪些因素会影响细胞计数的准确性？

第二部分

经典细胞生物学
实验技术

实验七

细胞核与细胞器的观察

【实验目的】

1. 了解细胞核的基本结构。
2. 了解几种细胞器的显微结构及其在细胞内的分布。
3. 掌握普通光学显微镜的正确使用方法。

扫码看彩图

【实验原理】

体外研究各种细胞器的结构和功能，需要将细胞器从细胞中分离出来。细胞器的分离首先要采用物理方法将组织细胞制成匀浆，使细胞中的各种亚组分从细胞中释放出来。制备细胞匀浆的物理方法有杆状玻璃匀浆器法、高速组织捣碎机法、超声波处理法、化学裂解法、反复冻融法、差速离心法、密度梯度离心法，采用哪种方法根据所提取的组织而定。

【实验用品】

普通光学显微镜、生物标本永久装片。

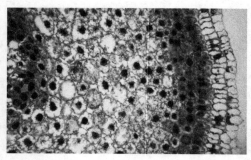

图 7-1　洋葱根尖切片（40×）
示细胞核、核仁

【实验方法】

一、细胞核的基本结构

（1）取洋葱根尖切片观察间期细胞核的基本结构，注意核质结构、核仁数目及核仁内 DNA 物质（图 7-1）。

（2）取蛙卵细胞切片，观察形状不规则的细胞核与多核仁现象及胞质内的卵黄颗粒与色素颗粒。细胞外有一层滤泡细胞，它是一种合胞体细胞（图 7-2）。

（3）取人和蛙的血涂片，观察红细胞和白细胞的细胞核（图 7-3、图 7-4）。

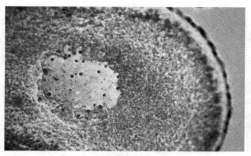

图 7-2　蛙卵细胞切片（100×）

示细胞核、核仁

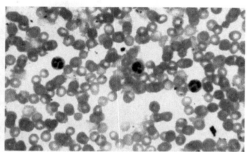

图 7-3　人血涂片（40×）

示红细胞、白细胞

二、细胞器的形态结构

1. 线粒体（mitochondrion）

（1）洋葱根尖切片：先找到细胞核，核外褐色颗粒状物即线粒体（图 7-5）。

（2）天竺鼠胰脏细胞切片：胰脏为腺泡结构，几个细胞围成一个腺泡，腺泡腔内有许多分泌颗粒（酶原颗粒），核染色较深，靠近基底面的部位有许多线状及颗粒状物即线粒体（图 7-6）。

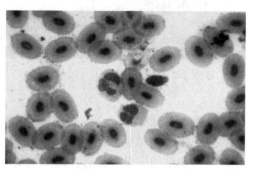

图 7-4　蛙血涂片（40×）

示红细胞、白细胞

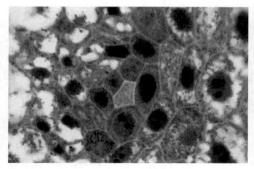

图 7-5　洋葱根尖切片（100×）

示线粒体

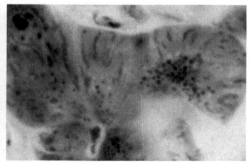

图 7-6　天竺鼠胰脏细胞切片（100×）

示线粒体

（3）兔肝石蜡切片（Luxol 固蓝-焰红快染）：肝细胞核外大量染成绿色的颗粒即线粒体（图 7-7）。

2. 中心体（centrosome）

取马蛔虫子宫切片（铁矾苏木精染色），观察中心体、中心球、纺锤体的形态结构（图 7-8）。

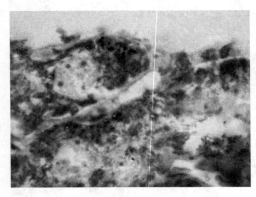

图 7-7　兔肝石蜡切片（40×）
示线粒体

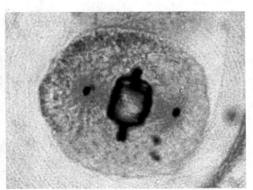

图 7-8　马蛔虫子宫切片（100×）
示中心体

3. 高尔基体（Golgi complex）

（1）牛神经节切片（银染）：神经元胞体较大，核微偏一侧，另一侧有许多棕色团块围绕细胞核呈半圆形，即高尔基体（图 7-9）。

（2）胃表皮细胞切片（银染）：观察柱状上皮细胞，高尔基体位于细胞的顶部（图 7-10）。注意调节显微镜以看清细胞界限。

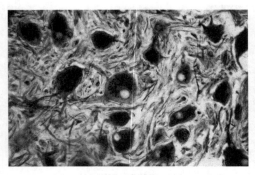

图 7-9　牛神经节切片（40×）
示高尔基体

图 7-10　胃表皮细胞切片（100×）
示高尔基体

4. 脂滴

取蓖麻种子切片，观察脂滴的形状和分布（图 7-11）。

5. 神经原纤维

取脊髓神经运动细胞切片（银染），观察神经原纤维（图 7-12）。

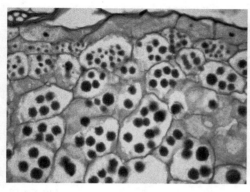

图 7-11　蓖麻种子切片（40×）
示脂滴

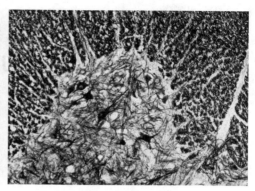

图 7-12　脊髓神经运动细胞切片（20×）

【注意事项】

1. 观察永久装片要轻拿轻放，避免人为损坏。

2. 油镜使用完毕，一定要及时用擦镜纸沾上擦镜液将镜头上的油擦干净。

【思考题】

1. 怎样才能准确迅速地在显微镜下找到所观察的标本？

2. 如果切片放反了，可以在高倍镜下找到目标吗？

3. 根据你观察的结果，试分析细胞核可能具备哪些生物活性？它在电子显微镜下会呈现什么样的结构？

实验八

线粒体的活体染色技术

扫码看彩图

【实验目的】

掌握细胞活体染色的方法。

【实验原理】

活体染色是指利用某些无毒或毒性较小的染色剂对生物有机体的细胞或组织进行染色，在不影响细胞生命活动和产生任何理化变化的情况下显示生活细胞内的某些结构，使其更具有真实性。活体染色技术可用来研究生活状态下的细胞形态结构和生理、病理状态。

根据所用的染色剂的性质和染色方法的不同，活体染色又分为体内活体染色和体外活体染色。体内活体染色是以胶体状的染料溶液注入动植物体内，染料的胶粒固定于细胞内某些特殊结构内以达到易于识别的目的。体外活体染色是由活的动植物分离出部分细胞或组织小块，以染料溶液浸染，染料因为其"电化学"特性与被染部分相互吸引而被选择固定在活细胞的某种结构中而显色。

不是所有染料都可以作为活体染色剂使用，一般应选择那些无毒或毒性小的碱性染料。詹纳斯绿 B（Janus green B）是活体染色中重要的染料，对线粒体有专一性，能够活体染色线粒体，主要是由于线粒体内的细胞色素氧化酶系使染料始终保持氧化状态（即有色状态）而呈蓝绿色，而在线绿体周围的细胞质中，这些染料被还原为无色的色基（即无色状态）。

【实验用品】

1. 材料

洋葱鳞茎、兔肝、人口腔上皮细胞。

2. 器材

显微镜、牙签、解剖针、载玻片、盖玻片、培养皿、刀片、镊子、吸管、吸水纸、注射器等。

3. 试剂

（1）Ringer's 液：称取 NaCl 0.85g、KCl 0.25g、$CaCl_2$ 0.03g 溶于 80ml 蒸馏水，定容至 100ml。

（2）1% 詹纳斯绿 B 染色母液：称取 0.5g 詹纳斯绿 B 溶于 50ml Ringer's 液中，

30～40℃加热溶解，滤纸过滤，保存在棕色瓶中。

（3）詹纳斯绿 B 染液：取 1ml 1% 詹纳斯绿 B 染色母液加入 49ml Ringer's 液中配成詹纳斯绿染液，需要现配现用。

【实验方法】

一、动物细胞线粒体的活体染色

1. 取材

取兔子一只，用空气栓塞法处死兔子，迅速解剖取出肝脏，用刀片切下边缘较薄的肝组织一小块（2～5mm³），放在盛有 Ringer's 液的培养皿，用镊子轻压洗去血液。

2. 染色

将清洗过的肝组织块移至另一培养皿，加詹纳斯绿 B 染液。注意染液不要加得太多，应使组织块上面部分裸露在液面上。染色 15～30min，这时组织块边缘已染成蓝绿色。

3. 涂片

用镊子将组织块移至滴有 Ringer's 液的载玻片中央，用解剖针轻轻拨拉组织边缘，即有部分细胞和细胞团分离下来。然后移去组织块，在材料两边载玻片上放两根头发，盖上盖玻片，如液体太多，则用吸水纸吸去一些。

4. 观察

先用低倍镜找到肝细胞，再换高倍镜及油镜观察细胞质内染为蓝绿色、呈颗粒状或线状的线粒体，注意其分布特点。

二、人口腔黏膜上皮细胞线粒体活体染色

用牙签于口腔颊黏膜处稍用力刮取上皮细胞，将刮取的上皮细胞涂在载玻片上，滴 2 滴詹纳斯绿 B 染液，染色 10min，注意不要使染液干涸，必要时可再滴加染液，盖上盖玻片，显微镜下观察。

三、植物细胞线粒体活体染色

取洋葱鳞茎的幼嫩鳞片，用刀片在鳞片内表面划大小 3～4mm² 的小方格，然后用镊子撕取一小片洋葱表皮，放在已经滴有詹纳斯绿 B 染液的载玻片上，使材料撕开面向下平浮在染液表面，染色 30min 以上（注意不可使染液干涸，应随时补加新的染液）。然后用吸管将染液吸去，再放 1 滴 Ringer's 液，盖上盖玻片，显微镜下观察，线粒体被染成蓝绿色。

【实验结果】

1. 在高倍镜下，可观察到细胞中线粒体被染成蓝绿色（图 8-1）。

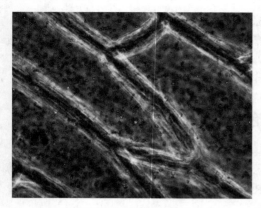

图 8-1　洋葱鳞茎内表皮细胞中的线粒体（40×）

2. 在油镜下，可以看到线粒体的形态呈颗粒状或线状。

【注意事项】

1. 实验材料要新鲜，以保证线粒体的活性。

2. 操作要迅速，否则细胞离体时间过长会减弱线粒体的活性，影响观察效果。

【思考题】

1. 为什么选择毒性小的染料进行染色?

2. 简述詹纳斯绿 B 作用于线粒体进行染色的机理。

植物叶绿体数目和形态的观察

【实验目的】

扫码看彩图

1. 掌握观察植物叶片气孔保卫细胞中叶绿体数目的方法。
2. 观察光学显微镜及荧光显微镜下叶绿体的形态。

【实验原理】

叶绿体主要存在于植物叶片气孔保卫细胞和栅栏组织的细胞中，是植物进行光合作用的场所。叶绿体的数目因物种、细胞类型、生态环境、生理状态和发育时期有所不同。

叶绿体自身带绿色，可用普通光学显微镜直接观察细胞中叶绿体的形态、分布和数目。有些生物体内的物质受激发光照射后可直接发出荧光，称为自发荧光，如叶绿素的火红荧光和木质素的黄色荧光等。有些生物本身不发荧光，但在吸收荧光染料后同样也能发出荧光，这种荧光称为间接荧光，如叶绿体经吖啶橙染色后可发出橘红色荧光。

关于观察叶绿体数目的方法，早在1975年，Chaudhari和Barrow就在对棉花的研究中利用I_2-KI染色法观察了叶绿体数目，但没有专门的报道。本实验在Chaudhari和Barrow研究的基础上，通过不同的染液和不同的植物材料来观察叶绿体的数目和形态。

在倍性育种的研究过程中，气孔特征如气孔大小、气孔密度，尤其是保卫细胞内叶绿体的数目与植物倍性具有明显的相关性，可作为间接鉴定植物倍性的一种方法。

【实验用品】

1. 材料

各种植物叶片。

2. 器材

普通光学显微镜、荧光显微镜、载玻片、盖玻片、镊子、滴管、刀片、吸水纸等。

3. 试剂

（1）I_2-KI染液：2g KI溶于10ml蒸馏水中，加入1g I_2，溶解，再加蒸馏水至300ml。

（2）PBS（pH7.4）：称取 NaCl 8g、KCl 0.2g、Na_2HPO_4 1.42g、KH_2PO_4 0.27g，溶于蒸馏水中，调 pH 为 7.4，定容至 1000ml，高温高压灭菌。

（3）0.01% 吖啶橙染液：先配制 0.1% 的吖啶橙母液，4℃避光保存。用时用 PBS 稀释成 0.01% 的吖啶橙工作液，室温保存。

（4）Carnoy 固定液：甲醇、冰乙酸体积比为 3∶1，混匀，使用前临时配制。

（5）0.9%NaCl 溶液。

【实验方法】

一、方法 1

用刀片将新鲜的菠菜或大葱叶片切削出一斜面，然后沿斜面切下一薄层完整组织，置于载玻片上，滴加 1～2 滴 0.9%NaCl 溶液，加盖玻片后轻压一下，置光学显微镜下直接观察，记录细胞中的叶绿体数目、形态和分布状态。然后再置荧光显微镜下，用蓝紫激发光照射标本，观察叶绿体自发荧光。

二、方法 2

用刀片将新鲜的菠菜或大葱叶片切削出一斜面，然后沿斜面切下一薄层完整组织，置于载玻片上，滴加 1～2 滴 0.01% 吖啶橙染液，染色 1min，洗去余液，加盖玻片后，可在荧光显微镜下用紫外激发光照射标本，观察记录细胞中的叶绿体数目、形态和分布。

三、方法 3

取藤三七成熟叶片，撕取下表皮置于载玻片上，滴 2～3 滴 I_2-KI 染液染色 10～30min，盖上盖玻片，于光学显微镜下观察叶绿体的形态和数目，数码相机摄像。

四、方法 4

取藤三七成熟叶片，去除绒毛等，清洗干净，用 Carnoy 固定液固定 1～2 周。切取小块叶片用自来水冲洗干净后于蒸馏水中浸泡 30min 左右，将叶片背面朝上置于载玻片上，滴 2～3 滴 I_2-KI 染液染色 10～30min。多余染液用吸水纸吸去，盖上盖玻片，镜检，观察叶绿体的形态和数目，选择数目清晰的叶绿体用数码相机摄像。

【实验结果】

1. 在普通光学显微镜下，可以观察到植物叶片气孔保卫细胞中的叶绿体经 I_2-KI 染液染色后呈棕色（图 9-1）。

2. 在荧光显微镜下，可以观察到植物叶片气孔保卫细胞中的叶绿体的红色自发荧光（图 9-2）和经吖啶橙染色后发出的橘红色荧光。

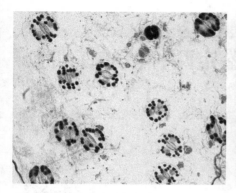

图 9-1　藤三七叶片保卫细胞中经 I_2-KI
染液染色后的叶绿体（40×）

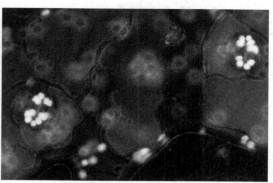

图 9-2　藤三七叶片保卫细胞中叶绿体
的自发荧光（40×）

【注意事项】

如实验材料较厚，不易撕去，可加入固定液使植物叶片褪色去除背景的干扰，同时使叶片硬化便于去绒毛等实验操作。固定的时间一般在 1 周以上，时间越长效果相对越好。

【思考题】

1. 为什么气孔的叶绿体数目与植物倍性相关？
2. 比较一下不同染色方法的优缺点。

实验十

Unna 反应鉴定两种核酸在细胞内的分布

【实验目的】

掌握两种核酸染色的原理和方法。

扫码看视频和彩图

【实验原理】

动物、植物细胞中存在两种核酸，即脱氧核糖核酸（DNA）和核糖核酸（RNA），由于两种核酸分子中都有磷酸基存在，因而都是强嗜碱性的，用一般的染料难以分辨。甲基绿-派洛宁（methylgreen-pyronin）是一种带有正电荷的碱性染料，可以与带有负电荷的核酸分子结合。两种染料有选择性，甲基绿和染色质中DNA选择性结合显示蓝绿色；派洛宁与核仁、细胞质中的RNA选择性结合显示红色，这种染色性能上的差异是由于两种核酸聚合程度不同。甲基绿易与聚合程度较高的DNA结合，而派洛宁则易与聚合程度较低的RNA结合。利用这两种不同颜色反应，可对细胞中DNA、RNA进行定位、定性和定量分析。该方法由Pappenheim首创，由Unna进行改良，故称Unna反应或Unna染色法。

【实验用品】

1. 材料

洋葱幼叶或鳞茎表皮、新鲜动物组织涂片或切片。

2. 器材

显微镜、镊子、载玻片、盖玻片、滴管、解剖针、滤纸等。

3. 试剂

（1）甲基绿-派洛宁染液（Unna试剂、MP染液）：先分别配制甲液（5%派洛宁、20%甲基绿水溶液）和乙液［0.2mol/L乙酸缓冲液（pH4.8）］，临用前将甲、乙两液等量混合，盛于棕色瓶内。混合液可保存约两周，过期不宜用。

注意： 市售甲基绿中常混有少量甲基紫，应除去。方法：将市售甲基绿1.5g加入20ml氯仿中，充分摇匀。甲基紫溶于氯仿，甲基绿不溶而沉淀，倾出紫色的氯仿于另一瓶中保存以备他用。如此反复将甲基紫提净后，取甲基绿沉淀，干燥后备用。派洛宁有G、Y两种，派洛宁G较纯。将1g派洛宁加入100ml蒸馏水，置恒温水浴中加温，不断搅拌直至全部溶解，冷却后过滤。

（2）Carnoy 固定液（见实验九）。

（3）其他：丙酮、二甲苯、中性树胶。

【实验方法】

一、Unna 反应鉴定动物细胞中两种核酸的分布

（1）取动物组织的涂片 1 张，放入 Carnoy 固定液中固定 30min。

（2）置甲基绿-派洛宁染液中染色 30～90min。

（3）蒸馏水轻轻漂洗 2～3 次（每次 1～2s），用滤纸条吸干水分。

（4）在丙酮中分色 2s，取出吸干。

（5）浸入丙酮、二甲苯等量混合溶液中 1～2min。

（6）浸入二甲苯中透明。

（7）中性树胶封片。

（8）显微镜下观察。

二、Unna 反应鉴定植物细胞中两种核酸的分布

（1）用镊子撕取一小片洋葱幼叶或鳞茎内表皮，置于载玻片上，用解剖针展平后滴 1 滴甲基绿-派洛宁染液，染色 1min。

（2）用滴管吸取蒸馏水冲洗浮色，反复几次。

（3）用滤纸条吸去残留的蒸馏水。

（4）盖上盖玻片，置显微镜下观察。

【实验结果】

通过光学显微镜观察发现，DNA 分布于细胞核中，呈蓝绿色；RNA 主要分布于核仁及细胞质中，呈紫红色（图 10-1）。

【注意事项】

1. 派洛宁易溶于水，因此在漂洗过程中一定要控制好时间，并随时注意颜色的变化。

2. 丙酮分色的时候注意分色的时间不要过长，否则颜色过浅，以两种颜色均能显示清楚为最佳。

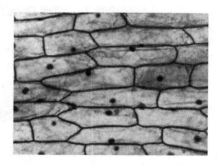

图 10-1　Unna 反应显示洋葱鳞茎表皮细胞中 DNA 和 RNA 的分布（40×）

【思考题】

1. 为什么甲基绿-派洛宁染液可同时显现两种核酸？它的原理是什么？

2. 另外设计一个能够同时显示 DNA 和 RNA 的实验，并写出具体流程。

Feulgen 反应显示 DNA

扫码看彩图

【实验目的】

1. 以 Feulgen 反应为例学习检测细胞核 DNA 的原理和方法。
2. 了解制作石蜡切片的方法。
3. 了解 DNA 在细胞内的分布。

【实验原理】

福尔根（Feulgen）反应是 Feulgen 和 Rossenbeck 于 1924 年建立的特异显示 DNA 的经典方法，主要包括两部分，即水解和显色。DNA 经 1mol/L HCl 加热水解后，连接嘌呤碱基与脱氧核糖的糖苷键被切断，脱氧核糖与磷酸之间的磷脂键断开，在脱氧核糖的第一位碳原子上形成游离的醛基。这些游离的醛基在原位与无色的希夫（Schiff）试剂特异反应形成含有醌基的紫红色产物，使细胞内含有 DNA 的部位呈现出紫红色的阳性反应。亚硫酸水溶液可使碱性品红变为无色品红，从而消除了非特异性染色造成的误差。该方法作为 DNA 特异性染色方法在病理学及细胞化学等领域一直使用，可以对 DNA 进行定位、定性分析，甚至定量地测定细胞内 DNA 的分布和含量。目前，福尔根染色常用于宫颈涂片、冷冻切片、快速石蜡切片、组织印片等快速病理诊断中，细胞 DNA 的含量与倍性分析可为植物倍性鉴定和肿瘤属性分析提供参考数据。

【实验用品】

1. 材料

洋葱鳞茎或根尖，小鼠肝、肾、小肠或睾丸。

2. 器材

立式染色缸、恒温水浴、载玻片、盖玻片、小镊子、滤纸、石蜡、切片机、显微镜等。

3. 试剂

（1）Carnoy 固定液（见实验九）。

（2）乙醇：配成 100%、95%、85%、70% 等各级浓度。

（3）5% 三氯乙酸溶液。

（4）1mol/L HCl。

（5）希夫试剂：取 1g 碱性品红溶于 200ml 煮沸的双蒸水中振荡 5min；冷却至恰为 50℃时过滤，在滤液中加 20ml 1mol/L HCl；冷至 25℃加 1g NaHSO₃，置于暗处 12~24h；加 2g 活性炭振荡 1min 后过滤，在 1~4℃暗处密封保存。

（6）亚硫酸溶液：向 500ml 蒸馏水中加入 3g 亚硫酸氢钠和 20ml 1mol/L HCl 摇匀，瓶塞要盖紧。此液必须在使用前配制，否则 SO_2 溢出即失效。

（7）0.5%~1% 亮绿：0.5~1g 亮绿溶于 100ml 蒸馏水中。

（8）其他：二甲苯、石蜡、中性树胶、0.9% NaCl 溶液。

【实验方法】

一、洋葱鳞茎细胞中 DNA 分布的观察

（1）撕取小块洋葱鳞茎内表皮，放入 10ml 预热 60℃的 1mol/L HCl 中水解 8~10min。对照组标本不经过水解直接放入 Schiff 试剂中染色，或放入 5% 三氯乙酸溶液中 90℃处理 15min。

（2）自来水漂洗鳞茎内表皮 5min。

（3）希夫试剂避光浸染 30min。

（4）用新鲜配制的亚硫酸溶液 10ml 漂洗 2 次，每次 2min。

（5）自来水漂洗 5min。

（6）将鳞茎内表皮平铺于载玻片上，加盖玻片，在显微镜下观察。

二、植物根尖细胞中 DNA 分布的观察

（1）取材：取在水中培养的洋葱根尖数根，直接投入 Carnoy 固定液中，固定 20min 以上。

（2）自来水漂洗 3 次以上，每次 2min。

（3）水解：使用在水浴锅中加热至 60℃的 1mol/L HCl 处理 8min，对照试验用 5% 三氯乙酸溶液于 90℃处理 15min。

（4）自来水漂洗 3 次，每次 2min。

（5）希夫试剂避光染色 30min 或过夜。

（6）亚硫酸溶液分色 3min。

（7）自来水漂洗 2 次，每次 1min。

（8）压片：将根尖置于一干净载玻片上，将分生组织切下，材料越小压片效果越好，加 1 滴 Carnoy 固定液后，盖一 24mm×24mm 大小的盖玻片，用镊子轻轻敲击盖玻片压平根尖，使细胞均匀散开，然后用大拇指轻轻按压，用滤纸吸取多余的染液。

（9）镜检。

三、动物细胞石蜡切片 Feulgen 反应

（1）取材：新鲜材料以 0.9% NaCl 溶液洗净后切成 1~2mm³ 大小的方块。

（2）固定：将材料放入 Carnoy 固定液中固定 2～4h。

（3）脱水：无水乙醇处理材料 2 次，每次 30min 至 1h。

（4）透明：二甲苯处理材料 2 次，每次 30min 至 1h。

（5）浸蜡：2/3 体积二甲苯＋1/3 体积石蜡处理 40min，然后转入 1/2 体积二甲苯＋1/2 体积石蜡处理 40min，最后放入纯石蜡处理 1h。

（6）包埋：将材料放入纸盒中，倒入石蜡包埋材料，石蜡凝固后，修整蜡块，贴于方木上。

（7）切片：用切片机切成 7μm 薄片。

（8）展片：45℃水浴使材料舒展后贴于载玻片上，并于 60℃温箱烤片过夜，至此做成石蜡切片。

（9）脱蜡：将石蜡切片浸入二甲苯中两次，每次脱蜡 5～10min，再将切片浸入 1/2 体积二甲苯＋1/2 体积无水乙醇中处理 3～5min。

（10）复水：无水乙醇、95% 乙醇、85% 乙醇、70% 乙醇、蒸馏水逐级复水 1～2min，对照组使用 5% 三氯乙酸溶液于 90℃处理 15min。

（11）水解：用 1mol/L HCl 先室温处理 1min，再于 60℃水浴 8min。蒸馏水冲洗干净。

（12）显色：加希夫试剂于 37℃避光 30～50min。

（13）分色：亚硫酸溶液处理 3 次，第一次 1.5～2min，第二次和第三次 2min，流水冲洗 5min，蒸馏水冲洗片刻。

（14）复染：1% 亮绿处理数秒，蒸馏水冲洗 1～2min。

（15）脱水：70% 乙醇、85% 乙醇、95% 乙醇逐级脱水，每次 1～2min，无水乙醇处理两次，每次 2～3min。

（16）透明：1/2 体积无水乙醇＋1/2 体积二甲苯透明 2～5min，二甲苯处理两次，每次 5～10min。

（17）封片观察。

【实验结果】

显微镜下可观察到细胞核被染为紫红色；对照组中，细胞核无色，用 0.5% 亮绿复染，细胞质及核仁呈绿色（图 11-1）。

【注意事项】

1. 水解是 Feulgen 反应的重要步骤，因此严格掌握水解时间至关重要。水解时间不足，DNA 的嘌呤碱基脱落和

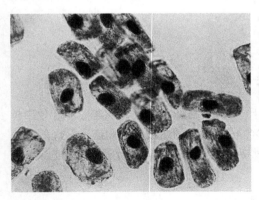

图 11-1　洋葱根尖细胞 Feulgen 反应显示
DNA（40×）

醛基的释放不足，反应会减弱；水解时间过长，过度的酸解会使 DNA 断裂而流失到细胞质中，也会造成反应减弱，着色很浅或不着色。一般水解时间应控制在 8～12min，不同的材料水解时间也会有所差异。

2. 染色结束应充分漂洗，否则残留在细胞中的希夫试剂一旦转入蒸馏水中立即还原变红，而使细胞核其余的部分出现非特异性染色，导致 DNA 定位检测发生误差。

【思考题】

1. 酸水解时间不足或酸水解时间过长会出现什么现象？
2. 希夫试剂染色后进行分色处理和漂洗有何目的？

实验十二

吖啶橙荧光染色显示 DNA 和 RNA

扫码看彩图

【实验目的】

1. 了解 DNA 与 RNA 在细胞中的分布。
2. 掌握荧光显微镜的使用方法。

【实验原理】

吖啶橙能够对核酸进行染色，因 DNA 双链与 RNA 单链多聚体大小不同而显示出不同的荧光，DNA 显示绿色荧光，RNA 显示橘红色荧光。通过此实验，可同时显示小鼠腹腔巨噬细胞等细胞中的 DNA 和 RNA，从而观察 DNA 和 RNA 在细胞内的分布。

【实验用品】

1. 材料

小鼠（腹腔巨噬细胞、精子）、洋葱。

2. 器材

荧光显微镜、注射器、染色缸、烧杯、载玻片、盖玻片、剪刀、镊子等。

3. 试剂

（1）0.067mol/L KH_2PO_4 缓冲液（pH4.8）。

（2）0.01% 吖啶橙染液（见实验九）。

（3）0.1mol/L $CaCl_2$：称取 1.1g $CaCl_2$，溶解后定容至 100ml。

（4）1% 乙酸：取 1ml 冰乙酸加蒸馏水 99ml。

（5）其他：95% 乙醇、0.9% NaCl 溶液等。

【实验方法】

一、小鼠腹腔巨噬细胞 DNA 和 RNA 的观察

（1）激活小鼠腹腔巨噬细胞：实验前 3 天，于小鼠腹腔内注射生肌橡皮膏水煎剂 1ml，每日 1 次，连续 3 天（生肌橡皮膏水煎剂是一种激活剂，促使腹腔巨噬细胞大量增生）。

（2）第3天注射3～4h后，用颈椎脱臼法处死小鼠，剖开腹腔用注射器吸取腹腔液。

（3）将腹腔液滴在载玻片上，每片1～2滴，或者用载玻片在腹腔的不同部位印片3张，自然干燥。

（4）将载玻片放入95%乙醇中固定15min。

（5）酸化：用1%乙酸酸化30s。

（6）0.01%吖啶橙染液染色20min。

（7）浸入0.067mol/L KH_2PO_4 缓冲液（pH4.8）1min。

（8）0.1mol/L $CaCl_2$ 分色30s或1～2min，边分色边在荧光显微镜下观察，鉴别DNA和RNA，直至分色清楚。

（9）用 KH_2PO_4 缓冲液洗3次，每次30s。

（10）用 KH_2PO_4 缓冲液做临时封片，荧光显微镜观察（波长430～495nm）。

二、小鼠精子DNA和RNA的观察

（1）取小鼠睾丸在0.9% NaCl溶液中洗净，剪开将一滴精液滴于载玻片上。

（2）滴3～4滴0.01%吖啶橙染液，染色1～2min，盖上盖玻片。

（3）在荧光显微镜下观察（波长430～495nm）。

三、洋葱内表皮细胞DNA和RNA的观察

（1）取洋葱内表皮一小片置于载玻片上。

（2）滴加1、2滴0.01%吖啶橙染液染色1min。

（3）蒸馏水洗去浮色。

（4）在荧光显微镜下观察（波长430～495nm）。

【实验结果】

1.巨噬细胞中DNA呈现绿色荧光，周围为RNA，呈现橘红色荧光。

2.活的精子头部富含DNA，经吖啶橙染色后在荧光显微镜下呈亮绿色荧光，而死的精子头部DNA解聚，不能呈现亮绿色荧光，而显示橘红色，但并不是RNA。精母细胞处于分裂期，中间染色体聚集，DNA含量集中，所以在中央呈现亮绿色，而周围细胞质中的RNA呈橘红色。

3.洋葱内表皮细胞的细胞核中DNA呈现绿色荧光，细胞核周围为RNA，呈现橘红色荧光（图12-1）。

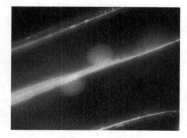

图12-1　洋葱内表皮细胞吖啶橙荧光染色显示DNA和RNA（40×）

【注意事项】

1. 配制 KH_2PO_4 缓冲液时最好用 K_2HPO_4 调 pH，以防其他成分对细胞或实验产生干扰。

2. $CaCl_2$ 分色 30s 后随时在荧光显微镜下观察。

3. 染色时要防止染液干涸，随时滴加。

4. 精子观察时，如果看不到死的精子，可适当延长染色的时间。

【思考题】

1. 吖啶橙染色后为什么要进行分色？为什么使用 $CaCl_2$？使用其他的药品可以吗？

2. 吖啶橙染色后为什么 DNA 与 RNA 在荧光显微镜下呈现不同的颜色？

人类体细胞间期核内性染色质显示方法

扫码看彩图

【实验目的】

1. 了解性染色质的显示方法。

2. 掌握通过观察性染色质确定性别的方法。

【实验原理】

性染色质是指分裂间期核内特有的染色质。在人类细胞中表示女性的称为 X 染色质，又称 X 小体或巴氏小体（Barr body）；表示男性的称 Y 染色质，又称 Y 小体。在女性的两个 X 染色质中，有一个为功能性异染色质，处于失活的异固缩状态（不包括胚胎形成早期及配子形成期），在间期核表现为深染的巴氏小体，多位于核膜内侧缘，呈平凸形、圆形或扁平的三角形，约 1.5μm 大小，女性细胞核中出现率为 6%～28% 或更高，男性细胞核中出现率仅为 0～3%，故可为性别诊断指标之一。

Y 染色质可在正常男性口腔黏膜细胞中找到。用喹吖因（quinacrine）荧光染料染色可见核内发荧光的 0.25μm 大小的小体，常位于核内侧边缘或核中间，正常男性细胞核中出现率为 25%～50%。1971 年，巴黎人类细胞遗传学标准会议上将此荧光点命名为 Y 染色质。

【实验用品】

1. 材料

人口腔黏膜细胞。

2. 器材

荧光显微镜、普通光学显微镜、载玻片、吸水纸、消毒棉签等。

3. 试剂

（1）AGV 染色液：取冰乙酸 30ml，龙胆紫 0.75g，蒸馏水 70ml。先将冰乙酸加温至 40℃，加入龙胆紫，溶解后加蒸馏水即可。

（2）卡宝品红染色液：取 3g 碱性品红溶于 100ml 的 70% 乙醇中配成 A 液，（A 液可长期保存）。取 A 液 10ml，加入 90ml 的 5% 苯酚溶液配成 B 液。取 B 液 55ml，加乙酸和福尔马林各 6ml 配成 C 液。取 C 液 20～30ml，加 45% 乙酸 70～80ml，再加山梨醇 1.8g，充分溶解。

（3）PBS（pH6.0）： 取 0.2mol/L Na$_2$HPO$_4$ 12.3ml 和 0.2mol/L NaH$_2$PO$_4$ 87.7ml，混匀。

（4）乙醚固定液：乙醇：乙醚＝1：1。

（5）0.5% 喹吖因或 0.02% 吖啶橙：以 PBS（pH6.0）配制。

（6）其他：无水乙醇、95% 乙醇、70% 乙醇、二甲苯等。

【实验方法】

一、X 染色质（巴氏小体）的观察

1. AGV 染色法

（1）涂片：受试者以清水漱口，以消毒棉签在口腔颊部表面擦取黏膜细胞，涂于洁净载玻片上。

（2）染色：加 1 滴 AGV 染色液染色 2～5min，盖上盖玻片，从一侧滴 1 滴蒸馏水洗去浮色，在另一侧用吸水纸吸去多余溶液。

（3）观察：置普通光学显微镜下观察。

2. 卡宝品红染色法

（1）涂片：女性口腔黏膜涂片。

（2）固定：95% 乙醇固定 15min，70% 乙醇 5min，蒸馏水洗 2 次，各 5min。

（3）染色：卡宝品红染色液染色 5～10min。

（4）分色：滴加无水乙醇，分色处理约 1min。

（5）透明：空气干燥，二甲苯透明，封片。

（6）观察：显微镜下找出结构正常而较大的细胞，观察巴氏小体，检查 100 个细胞，记录 X 染色质出现率。5% 以上者为女性，5% 以下者为男性或为性畸形患者，如特纳综合征（45, X）等。

二、Y 染色质的观察

（1）涂片：男性口腔黏膜涂片。

（2）固定：乙醚固定液固定 15min 至 12h，95% 乙醇 30min。

（3）染色：0.5% 喹吖因或 0.02% 吖啶橙染色 10min。

（4）洗涤：蒸馏水冲洗，空气干燥。

（5）封片：PBS（pH6.0）封片，石蜡封盖玻片四周。

（6）观察：荧光显微镜下观察。

【实验结果】

1. 在普通光学显微镜下，可在女性口腔黏膜细胞的核膜边缘发现紫红色深染的小体，即巴氏小体（图 13-1）。

2. 男性口腔黏膜涂片经喹吖因或吖啶橙染色后，在荧光显微镜下经紫外光激发可看到细胞核内有明亮的荧光点，即为 Y 小体。

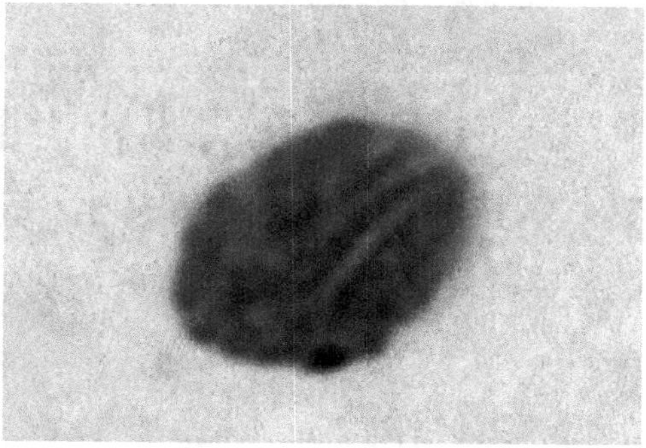

【注意事项】

1. 制备完毕的 Y 染色质观察标本须放在湿盒内（暗处）一段时间，于 12～24h 间检查，因为 12h 之前荧光不强，24h 后开始退色。

图 13-1　女性口腔黏膜细胞中的巴氏小体（100×）

2. 必须严格区分核内荧光点。除 Y 小体发出闪亮的荧光外，X 小体与第 3 对染色体的异固缩区域也发荧光，但前者比 Y 小体光亮点弱，体积大；后者比 Y 小体光亮点强，但体积小。

3. 如要测胎儿性别，可用羊水细胞，但可靠性最高的是用羊水细胞进行组织培养，观察培养后的成纤维细胞。

4. 如发现胎儿 X 小体、Y 小体均为阳性，可确定为克兰费尔特综合征（XXY 综合征）。

【思考题】

1. 巴氏小体是什么类型的染色质？它具有什么特性？
2. 巴氏小体是如何形成的？

实验十四

多糖的细胞化学显示法—— PAS 反应

【实验目的】

1. 掌握显示细胞中多糖的 PAS 反应的原理及制片方法。
2. 观察细胞内多糖的分布。

【实验原理】

高碘酸是一种强氧化剂，能将多糖残基含有的乙二醇基（CHOH—CHOH）氧化为两个游离醛基（CHO—CHO），游离的醛基与希夫（Schiff）试剂反应产生紫红色醛染产物。这种用高碘酸和希夫试剂对糖类进行染色的方法称为高碘酸希夫（periodic acid Schiff reaction，PAS）反应。组织内的多糖、中性黏多糖及黏蛋白、糖蛋白、糖脂、不饱和脂类及磷脂都可以用 PAS 反应来显示。

【实验用品】

1. 材料

新鲜小鼠肝脏、马铃薯块茎。

2. 器材

显微镜、染色缸、刀片、镊子、载玻片、盖玻片、吸水纸等。

3. 试剂

（1）高碘酸溶液：称取高碘酸（$HIO_4 \cdot 2H_2O$）0.4g，溶于 35ml 95% 乙醇中，加入 5ml 0.3mol/L 乙酸钠溶液，蒸馏水定容至 50ml。

（2）希夫试剂（见实验十一）。

（3）5% 亚硫酸氢钠溶液。

（4）醋酸酐、吡啶混合液：取醋酸酐 13.5ml、吡啶 20ml 混合即成。

（5）其他：70% 乙醇、95% 乙醇。

【实验方法】

一、植物细胞 PAS 反应

（1）把马铃薯块茎用刀片切成薄片。

（2）浸入高碘酸溶液中 10min。

（3）取出后放入 70% 乙醇中浸 30s。

（4）希夫试剂染色 15min。

（5）亚硫酸氢钠溶液漂洗 3 次，每次 1～2min。

（6）蒸馏水洗 20s。

（7）制片，显微镜下镜检。

二、动物细胞 PAS 反应

（1）取新鲜小鼠肝脏做涂片或切片。

（2）95% 乙醇固定 15min。

（3）浸入高碘酸溶液中氧化 5min。

（4）蒸馏水冲洗 30s。

（5）37℃，希夫试剂染色 60～90min。

（6）亚硫酸氢钠溶液漂洗 2～3 次，每次约 1min。

（7）蒸馏水洗两次，每次 30s，风干。

（8）制片，显微镜下镜检。

对照组：经醋酸酐、吡啶混合液处理 3～5min 后，再按实验步骤（3）～（8）进行。

【实验结果】

在显微镜下可观察到细胞质中糖原颗粒为紫红色，糖蛋白为粉红色，黏蛋白和黏多糖为红色。

对照组经醋酸酐、吡啶混合液处理以后，甘醇基乙酰化，能对抗高碘酸的氧化作用，呈阴性反应，不着色。

【注意事项】

高碘酸溶液最好是现用现配，放置时间过长的溶液 pH 会发现改变，且不稳定。

【思考题】

1. 简述 PAS 反应的原理并说明 PAS 反应的意义。

2. 实验的关键步骤是什么？

3. 根据你的了解，简述糖原与疾病的关系。

实验十五

油红 O 染色法显示细胞中的中性脂肪

【实验目的】

1. 了解油红 O 染色法显示细胞中性脂肪的原理、方法及实验步骤。
2. 了解脂肪在细胞内的分布。

【实验原理】

中性脂肪是人体的主要能源存储物质，也是人体细胞、组织、器官的组成成分，正常范围的中性脂肪对维持人体的生理活动非常重要。中性脂肪的显示以油红 O 染色法最好，它可以用于显示微小的脂肪滴，其原理主要是脂肪对油红 O 的吸收作用。油红 O 用醇配成染液，作为一种脂溶性染料，可特异性地使组织内甘油三酯等中性脂肪着色，即使复染的组织干燥后颜色也不变。

【实验用品】

1. 材料

小鼠肠。

2. 器材

冰冻切片机、显微镜、染色缸、镊子、载玻片、盖玻片等。

3. 试剂

（1）油红 O 染液：取油红 O 0.6g 溶于 100ml 异丙醇，配制成油红 O 原液。取油红 O 原液 20ml 加入蒸馏水 20ml，混匀后过滤。

（2）Harris 苏木精染液：取 0.5g 苏木精溶于 5ml 无水乙醇中，加入 100ml 10% 钾明矾溶液，加热煮沸，再加入氧化汞 0.25g，玻璃棒搅拌加速氧化，冷却后加入冰乙酸 4ml，第二天过滤即可使用。

（3）其他：60% 异丙醇、1% Na_2HPO_4 溶液、10% 甲醛。

【实验方法】

（1）小鼠肠系膜冰冻切片，稍干燥后用 10% 甲醛固定 30min。

（2）浸入 60% 异丙醇中 30s 至 1min。

（3）浸入油红 O 染液中染色 5～10min。

（4）60% 异丙醇分色 1min。

（5）蒸馏水冲洗 1min。

（6）载片浸入 Harris 苏木精染液中染色 3～5min。

（7）1% Na_2HPO_4 溶液中浸泡 1～2min，蒸馏水洗 2 次，每次 30s。

（8）制片，显微镜下镜检。

【实验结果】

染色后，细胞内脂滴呈为橘红色，磷脂呈粉红色，细胞核呈蓝色。

【注意事项】

1. 油红 O 染液不易保存，需现配现用。

2. 做脂肪染色的冰冻切片不能太薄，过薄的切片常会使脂质丢失。

3. 切片不宜长时间保存，需要尽快采集图像。

【思考题】

1. 本实验中，为什么需要采用冰冻切片技术？

2. 如果使用配制时间较长的油红 O 染液会对实验结果造成什么影响？为什么？

实验十六

苏丹黑 B 染色法显示细胞内的脂类

【实验目的】

1. 了解苏丹黑 B 染色法显示脂类的原理、方法。
2. 观察细胞内磷脂的分布。

【实验原理】

苏丹黑 B 溶解于脂类而使其着色，该方法对磷脂的染色效果尤其显著，常用于粒细胞内颗粒和微细结构的染色。

【实验用品】

1. 材料

小鼠。

2. 器材

显微镜、载玻片、盖玻片等。

3. 试剂

（1）10×Giemsa 染色液：称取 Giemsa 粉末 10g，加入 600ml 甘油，边加边研磨，待充分溶解后，55～60℃水浴 2h，冷却后加入 600ml 甲醇，室温放置 2～3d，过滤。

（2）PBS（pH7.4）（见实验九）。

（3）Giemsa 染色液（pH7.4）：使用前，用 PBS（pH7.4）将 10×Giemsa 染色液稀释 10 倍而成。

（4）苏丹黑 B 染液（饱和苏丹黑 B 乙醇溶液）：称取苏丹黑 B 0.3g 溶于 100ml 无水乙醇中，室温振荡数天，待苏丹黑 B 完全溶解，过滤后即可使用。

（5）其他：甲醛、70% 乙醇、甘油。

【实验方法】

（1）小鼠眼眶放血，滴于载玻片上，推片，室温干燥。

（2）于 37℃甲醛蒸气固定 2～5min。

（3）自来水、蒸馏水分别冲洗，室温干燥。

（4）苏丹黑 B 染液染色 60min。

（5）70% 乙醇洗 2min，去掉浮色。

（6）Giemsa 染色液复染 1min。

（7）自来水冲洗。

（8）晾干，甘油封片，显微镜镜检。

【实验结果】

在显微镜下可观察到经苏丹黑 B 染色后脂类定位于细胞质中，呈棕黑色或深黑色颗粒。

【注意事项】

1. 制作装片时，用血量和推片力度要合适，避免细胞过密。

2. 冲洗装片时间不宜过长，水流不宜过大。

【思考题】

1. 苏丹黑 B 染色法和油红 O 染色法有何异同？

2. 实验过程中应注意什么？

实验十七

细胞内碱性蛋白质与酸性蛋白质的显示

【实验目的】

1. 掌握显示酸性蛋白质和碱性蛋白质的方法和原理。
2. 观察酸性蛋白质和碱性蛋白质在细胞中的分布。

扫码看视频和彩图

【实验原理】

蛋白质为两性电解质，在较其等电点（pI）为碱性的环境中（pH 高于蛋白质的 pI），蛋白质本身带有负电荷，在较其等电点为酸性环境中（pH 低于蛋白质的 pI），蛋白质本身带有正电荷。固绿为酸性染料，其色素离子带负电荷。组蛋白的 pI 约 8.5，总蛋白的 pI 4.7～6.75。在 pH2.2 的溶液中，组蛋白和总蛋白均带正电荷，均可以与色素离子结合而着色；在 pH8.0 的溶液中，组蛋白带有正电荷，仍然可以与色素离子结合着色，而总蛋白此时全部带有负电荷不能着色。

细胞或组织经三氯乙酸处理后将核酸抽提掉，细胞内剩余的蛋白质为组蛋白和其他一些蛋白质——总蛋白。组蛋白为碱性蛋白质，它作为遗传信息的储存载体存在于真核细胞的细胞核中。组蛋白在细胞周期的 S 期合成，合成后迅速由核孔转运进入核中，完成与 DNA 的结合，因此细胞中显示的组蛋白（碱性蛋白质）较多地存在于细胞核中。

【实验用品】

1. 材料

小鼠、洋葱鳞茎。

2. 器材

显微镜、水浴锅、立式染色缸、烧杯、载玻片、盖玻片、小指瓶、吸管、滤纸等。

3. 试剂

（1）5% 三氯乙酸：取 5g 三氯乙酸溶于 100ml 蒸馏水中。

（2）pH2.2 缓冲液和 pH8.0 缓冲液：配制 0.2mol/L Na_2HPO_4 2000ml 记作 I 液，配制 0.1mol/L 柠檬酸 2100ml 记作 II 液。取 I 液 40ml、II 液 1960ml 混合即成

pH2.2 缓冲液；再取 Ⅰ 液 1945ml、Ⅱ 液 55ml 混合即成 pH8.0 缓冲液。

（3）0.1% 固绿（pH2.2）染液和 0.1% 固绿（pH8.0）染液：按照比例称取固绿溶于相应 pH 的缓冲液即可。

（4）碱性蛋白质工作液：0.2% 固绿和等体积 0.01mol/L HCl 混合液。

（5）酸性蛋白质工作液：0.2% 固绿和等体积 0.005% Na_2CO_3 混合液。

（6）其他：95% 乙醇、二甲苯、树胶、10% 甲醛。

【实验方法】

一、洋葱鳞茎细胞碱性蛋白质与酸性蛋白质的显示

（1）取洋葱鳞茎内表皮数片，置小指瓶内，加入 10% 甲醛固定液固定 15min，吸去固定液，加入蒸馏水，用滴管不断冲洗，然后吸去水分，反复 3 次。

（2）注入几滴 5% 三氯乙酸，用指管夹夹住小指瓶在 90℃ 水浴锅中处理 15min。

（3）倒掉处理液，水洗至无三氯乙酸味。

（4）将材料分别铺在两张载玻片上，展平，分别做以下处理。

① 以 0.1% 固绿（pH2.2）染液染色 5min，吸出染液用同级 pH 缓冲液洗 30s。

② 以 0.1% 固绿（pH8.0）染液染色 5min，吸出染液用同级 pH 缓冲液洗 30s。

（5）用滤纸擦去残留水渍。

（6）盖好盖玻片，用显微镜对比观察两种 pH 下标本的染色情况。

二、小鼠血细胞碱性蛋白质与酸性蛋白质的显示

（1）小鼠眼眶取血，取 1 滴滴于载玻片一端，推片，室温晾干。

（2）将晾干的载玻片浸入 95% 乙醇中固定 5min，室温晾干。

（3）将载玻片浸入 5% 三氯乙酸中，60℃ 水浴 20min。

（4）蒸馏水反复洗。

（5）分别在酸性蛋白质工作液或碱性蛋白质工作液中染色 30min。

（6）蒸馏水洗，自然干燥后，浸入二甲苯中透明 5min，树胶封片，镜检。

【实验结果】

在显微镜下，pH2.2 时酸性蛋白质及碱性蛋白质均染为绿色，在 pH8.0 时碱性蛋白质染为草绿色（图 17-1）。

【注意事项】

1. 三氯乙酸一定要冲洗干净，以免影响固绿的染色。

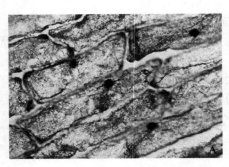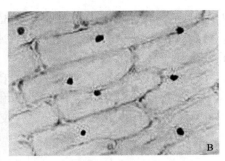

图 17-1　洋葱内表皮细胞酸性蛋白质和碱性蛋白质的显示（10×）

A. pH2.2；B. pH8.0

2. 操作时不要把两种 pH 所用的指管、滴管相混淆。

【思考题】

简述实验原理，比较酸性蛋白质和碱性蛋白质在细胞内的分布。

细胞中碱性磷酸酶的显示

【实验目的】

1. 熟悉碱性磷酸酶显示实验的原理和步骤。
2. 观察碱性磷酸酶在细胞中的分布。

【实验原理】

在碱性（pH9.2～9.6）条件下，碱性磷酸酶被镁离子激活后可以分解磷酸酯，释放出磷酸根，磷酸根与钙反应生成磷酸钙，磷酸钙是一种无色的沉淀，可与硝酸钴反应生成磷酸钴，然后再与黄色硫化铵作用生成黑色的硫化钴沉淀，从而显示出细胞内碱性磷酸酶的分布。反应方式如下：

$$[C_3H_5(OH)_2]Na_2PO_4 + H_2O \xrightarrow[\text{pH9.2～9.6}]{\text{碱性磷酸酶}} Na_2HPO_4 + C_3H_5(OH)_3$$

$$2Na_2HPO_4 + 3CaCl_2 \longrightarrow Ca_3(PO_4)_2\downarrow + 2HCl + 4NaCl$$

$$Ca_3(PO_4)_2 + 3Co(NO_3)_2 \longrightarrow Co_3(PO_4)_2\downarrow + 3Ca(NO_3)_2$$

$$Co_3(PO_4)_2 + 3(NH_4)_2S \longrightarrow 3CoS\downarrow + 2(NH_4)_3PO_4$$

【实验用品】

1. 材料

肾、小肠组织冰冻切片、石蜡切片、涂片或印片。

2. 器材

显微镜、恒温水浴锅、染色缸、载玻片、盖玻片、擦镜纸、吸水纸等。

3. 试剂

（1）甲醛-钙固定液：15ml 40% 甲醛同 85ml 1.3% $CaCl_2$ 混匀即成。

（2）碱性磷酸酶作用液：2% 巴比妥钠 10ml、2% $CaCl_2$ 20ml、3% β-甘油磷酸钠 10ml、5%$MgSO_4 \cdot 7H_2O$ 1ml、蒸馏水 5ml，调整 pH 至 9.4，临用前配制。

（3）2% 硝酸钴。

（4）2% 硫化铵（临用前配制）。

（5）甘油明胶。

【实验方法】

（1）取肾（小肠）组织冰冻切片、石蜡切片、涂片或印片，在甲醛-钙固定液中固定 5min，蒸馏水洗数分钟。

（2）将玻片放入 37℃预热的碱性磷酸酶作用液中处理 60min。

（3）流水冲洗 5min 后，蒸馏水洗，用吸水纸吸去多余的水。

（4）2% 硝酸钴中作用 5min，蒸馏水洗，吸水纸吸干。

（5）2% 硫化铵处理 1min，蒸馏水洗。

（6）风干后，用甘油明胶封片，显微镜下可见碱性磷酸酶呈灰黑色或黑色。

对照组：标本与碱性磷酸酶作用液反应前，高温（80℃）处理 30min，使酶降解失去活性；或者作用液中不加 β-甘油磷酸钠，用蒸馏水代替。

【实验结果】

在显微镜下可观察到细胞内存在碱性磷酸酶的位置呈灰黑色或黑色，对照组不显色。

【注意事项】

1. 在装片的制作过程中，要保护酶的活性不丢失。

2. 硫化铵具有腐蚀性，操作时要采取必要的防护措施。

3. 碱性磷酸酶作用液需要现用现配。

【思考题】

1. 为什么选择肾和小肠为实验材料？选用肝可以观察到碱性磷酸酶吗？

2. 显微镜下观察到的深染的（灰黑色）物质一定是碱性磷酸酶吗？

细胞中酸性磷酸酶的显示

【实验目的】

1. 掌握小鼠腹腔巨噬细胞的采集和制片方法。
2. 观察巨噬细胞内酸性磷酸酶的分布，进一步了解溶酶体的结构和功能。

【实验原理】

酸性磷酸酶包含多种同工酶，广泛分布于高等动物大多数的组织和体液中，主要存在于细胞内溶酶体，是溶酶体的标志酶。该酶形成的主要途径是内质网上合成的溶酶体酶经过糖链的合成加工形成甘露糖-6-磷酸特异性标志，经高尔基体分选、投送进入初级溶酶体。此外，还可以通过含酶的小泡分泌到细胞外，再经胞吞回收进入溶酶体。目前的研究已经证实溶酶体同多种先天性疾病相关，并同细胞凋亡、个体生长、发育、畸形、衰老及疾病有密切关系，因此，细胞内酸性磷酸酶的检测对于上述领域的研究具有重要意义。此外，组织水平上的酸性磷酸酶的测定在临床上也具有一定的应用价值。

本实验采用的是1941年由Gomori发明的显示酸性磷酸酶的方法，称为Gomori法。该方法是将具有酶活性的组织标本放入甘油磷酸钠和硝酸铅的混合液中温育，在酸性环境中，细胞中的酸性磷酸酶会分解溶液中的磷酸甘油从而释放出磷酸根离子，当磷酸根离子遇到溶液中的铅离子便可生成磷酸铅沉淀。但磷酸铅是无色的，不能在显微镜下观察，因此需要进一步同硫化铵反应生成黑色硫化铅沉淀，由此显示出细胞中酸性磷酸酶的分布。由于该方法中使用了铅盐，因此又被称为Gomori铅法。

反应过程如下：

$$\text{磷酸甘油} \xrightarrow{\text{酸性磷酸酶}} \text{甘油} + PO_4^{3-}$$
$$2PO_4^{3-} + 3Pb(NO_3)_2 \longrightarrow Pb_3(PO_4)_2 \downarrow + 6NO_3^-$$
$$Pb_3(PO_4)_2 + 3(NH_4)_2S \longrightarrow 3PbS \downarrow (\text{黑色}) + 2(NH_4)_3PO_4$$

【实验用品】

1. 材料

小鼠腹腔液涂片。

2. 器材

显微镜、注射器、剪刀、镊子、恒温水浴锅、解剖盘、酒精灯、染色缸、载玻片、盖玻片、记号笔、牙签、吸水纸等。

3. 试剂

（1）6% 淀粉肉汤：牛肉膏 0.3g、蛋白胨 1.0g、NaCl 0.5g、可溶性淀粉 6g，加蒸馏水 100ml，加热溶解，煮沸 15min 灭菌，4℃冰箱保存备用，用前微波炉熔化。

（2）甲醛-钙固定液：40% 福尔马林 10ml，10%CaCl$_2$ 10ml，蒸馏水 80ml。

（3）0.05mol/L 乙酸缓冲液。

A 液（0.2mol/L 乙酸溶液）：冰乙酸 1.2ml，蒸馏水 98.8ml。

B 液（0.2mol/L 乙酸钠溶液）：乙酸钠 2.72g，蒸馏水 100ml。

用时取 A 液 30ml＋B 液 70ml 混匀，即 0.05mol/L 乙酸缓冲溶液，4℃冰箱保存备用。

（4）3% β-甘油磷酸钠溶液：β-甘油磷酸钠 3g，溶于 100ml 蒸馏水，4℃贮存备用。

（5）酸性磷酸酶作用液：硝酸铅 25mg、0.05mol/L 乙酸缓冲液 22.5ml、3% β-甘油磷酸钠溶液 2.5ml。配制时将 25mg 硝酸铅加到乙酸缓冲液中，使之溶解后再加 3% β-甘油磷酸钠溶液，边混合边搅拌，防止絮状物产生。用乙酸钠调 pH 至 5.0，存在冰箱备用，最好现用现配。

（6）2% 硫化铵溶液：硫化铵 2g，加蒸馏水至 100ml。

（7）0.1% 沙黄染色液：0.1g 沙黄溶于 10ml 95% 乙醇中，再加入 90ml 蒸馏水，储存于棕色瓶中避光保存，时间不要超过 4 个月。

（8）0.9% NaCl 溶液。

【实验方法】

（1）取小鼠一只，连续 3 天每天向其腹腔注射 6% 淀粉肉汤 1ml。

（2）在第 3 天注射淀粉肉汤 3～4h 后，再腹腔注射 0.9% NaCl 溶液 1ml，3min 后用颈椎脱臼法处死小鼠，用剪刀剪开腹腔，将内脏推向一侧，用无针头注射器在腹腔背壁处吸取腹腔液。

（3）将腹腔液 1～2 滴，滴在预冷的干净载玻片上，不要涂开，平放在培养皿中，立即放入 4℃冰箱，让细胞自行铺展。

（4）30min 后，用吸水纸小心从液滴周边将水分吸干，将载玻片转入酸性磷酸酶作用液中，37℃温育 30min；对照组在转入酸性磷酸酶作用液之前，置 50℃处理 30min，使酶失活。

（5）用 0.9% NaCl 溶液小心漂洗片刻，吸水纸吸去多余水分。

（6）将载玻片放入甲醛-钙固定液固定 5min（4℃）。

（7）取出载玻片用蒸馏水冲洗，吸水纸吸去多余水分。

（8）放入 2% 硫化铵溶液中处理 3～5min。

（9）取出载玻片，用蒸馏水漂洗。

（10）用 0.1% 沙黄染色液染色 1～3min，蒸馏水漂洗，自然干燥。

（11）显微镜镜检。

【实验结果】

显微镜下，小鼠腹腔巨噬细胞为不规则形状，阳性细胞内出现许多黄棕色或棕黑色的颗粒或斑块，即酸性磷酸酶存在的部位——溶酶体，中性粒细胞呈阴性反应。

【注意事项】

1. 前几步操作要防止酶的降解，如固定、冲洗的蒸馏水最好是在 4℃存放，因为酸性磷酸酶是水解性酶，低温漂洗和固定可以增加溶酶体的通透性，从而使底物更容易进入溶酶体内。

2. 孵育的时间应控制在 30min，时间过长，酶容易扩散，核容易着色。

3. 作用液最好临用前配制。

【思考题】

1. 为什么要在实验前几天向小鼠腹腔内注射淀粉肉汤？

2. 如果标本在酸性磷酸酶作用液中温育时间过久会产生什么现象？

3. 实验结果中观察到的深染物质就一定是酸性磷酸酶吗？

实验二十

细胞中过氧化物酶的显示

扫码看视频和彩图

【实验目的】

1. 通过联苯胺反应了解过氧化物酶显示的原理、方法。
2. 观察过氧化物酶在细胞内的分布。

【实验原理】

在活细胞新陈代谢过程中，有许多氧化反应过程产生大量的 H_2O_2，这些 H_2O_2 对活细胞有毒害作用，而过氧化氢酶和过氧化物酶都能催化 H_2O_2 的氧化，使细胞免受过氧化氢的危害。细胞内的过氧化物酶能把联苯胺氧化为蓝色产物。本实验利用过氧化物酶将底物 H_2O_2 分解产生分子氧，使无色的联苯胺氧化成蓝色联苯氨蓝，进而变成棕色的产物，可根据颜色的反应来判断过氧化物酶的有无或多少，联苯胺被氧化后，脱下的 H 再与 H_2O_2 作用生成水。

【实验用品】

1. 材料

小鼠（骨髓细胞），植物的茎、根。

2. 器材

显微镜、染色缸、玻璃小瓶、载玻片、盖玻片、注射器、剪刀、解剖盘、试管、滴管、吸水纸等。

3. 试剂

（1）0.9% NaCl 溶液。

（2）0.1% 钼酸铵溶液：100mg 钼酸铵，0.9% NaCl 溶液 100ml。

（3）0.5% 硫酸铜溶液：硫酸铜 0.5g，蒸馏水 100ml。

（4）10% H_2O_2：取 10ml 市售 30% H_2O_2 加 0.9% NaCl 溶液稀释至 30ml 即可。

（5）联苯胺溶液①：将联苯胺溶液饱和溶解在 0.9% NaCl 溶液内，在使用前每 2ml 该液加入 10% H_2O_2 液 1 滴。

（6）联苯胺溶液②：称取联苯胺 0.2g，溶于 100ml 95% 乙醇，再滴加 10% H_2O_2 2 滴，临用时配制。

（7）1% 番红溶液：称取番红 1g，溶于蒸馏水 100ml。

（8）PBS（pH7.4）（见实验九）。

（9）其他：10% 甘油、中性树胶。

【实验方法】

一、植物细胞中过氧化物酶的显示

（1）从幼小植物的茎、根取几块组织，放入两个玻璃小瓶中，加入几滴 0.9% NaCl 溶液，将其中一个玻璃小瓶放入沸水浴中处理 5～10min，作为对照。

（2）吸去 0.9% NaCl 溶液，加入几滴 0.1% 钼酸铵溶液处理 5min。

（3）吸去 0.1% 钼酸铵溶液，加入几滴联苯胺溶液①，轻轻晃动，直至切片呈现蓝色为止。

（4）吸去玻璃小瓶中的液体，用 0.9% NaCl 溶液洗 1min。

（5）取出组织块，放在载玻片上，滴加 1 滴 10% 甘油，盖上盖玻片，显微镜下观察。

二、动物细胞中过氧化物酶的显示

（1）取小鼠，以颈椎脱臼法处死，放在解剖盘上，迅速剖开后肢暴露出股骨，将股骨从一端剪断，用注射器吸出骨髓，放入盛有 PBS 的试管内，迅速混匀，加入 PBS 的量根据吸出来的骨髓多少而定，一般加 0.5ml。

（2）取一干净的载玻片，滴 2 滴小鼠骨髓悬液，推片或者自行铺展，自然干燥。

（3）将涂片浸入 0.5% 硫酸铜溶液中 30s。

（4）浸入联苯胺溶液②中反应 5～8min。

（5）流水冲洗，浸入 1% 番红溶液中染色 2min。

（6）流水冲洗，室温风干。

（7）加 1 滴中性树胶封片，显微镜下镜检。

【实验结果】

在显微镜下可观察到细胞内存在一些蓝色或棕色沉淀，即过氧化物酶存在部位（图 20-1），经番红复染后，其他部位染成橘红色。

【注意事项】

1. 植物材料尽量选用新鲜、硬度稍大的材料，如油菜叶柄、芹菜叶柄等。

2. 徒手切片应尽量切薄或选择切片边缘较薄处的细胞进行观察。

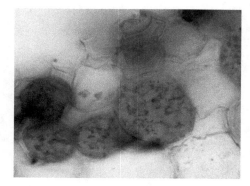

图 20-1　联苯胺反应显示油菜细胞内的过氧化物酶（40×）

【思考题】

1. 实验结果中观察到的蓝色颗粒就一定是过氧化物酶吗？
2. 实验中为什么使用小鼠的骨髓细胞，使用其他部位的细胞可以吗？

实验二十一

去壁低渗法制备植物染色体标本

【实验目的】

1. 掌握去壁低渗法制备植物染色体标本的原理和实验方法。
2. 了解中期染色体的形态结构。

【实验原理】

自 20 世纪 50 年代在人类及哺乳动物染色体制备研究中的低渗和火焰干燥法发明以来，很多学者都试图将人类染色体标本的 0.075mol/L KCl 低渗和火焰干燥法移植到植物材料上来，但都没有进展。直到 70 年代，Gill（1974）在压片前应用纤维素酶和果胶酶对细胞壁进行解离；Moura（1978）在烟草愈伤组织、榛属和李属植物的根尖材料中，应用了酶解和低渗处理；Kurata（1978）在水稻染色体研究中也应用了酶解去壁和 KCl 低渗处理。陈瑞阳等在应用去壁低渗法对 120 科 3000 多种植物进行广泛的实验的基础上，创建和完善了植物染色体标本制备的酶解去壁低渗、火焰干燥法，简称去壁低渗法（WDH 法）。该方法首先是利用纤维素酶和果胶酶去除植物的细胞壁，然后利用低渗溶液使细胞膨胀，再利用预冷载玻片上水的表面张力和加热迅速使染色体散开。

【实验用品】

1. 材料

玉米、蚕豆或洋葱根尖。

2. 器材

普通光学显微镜、培养箱、冰箱、镊子、刀片、载玻片、移液器、量筒、烧杯、酒精灯、青霉素瓶等。

3. 试剂

（1）纤维素酶、果胶酶混合酶液：称取纤维素酶、果胶酶各 0.5g，加入 20ml 蒸馏水即 2.5% 混合酶液，冰箱冰冻保存，用前融化。酶液最好不要贮存过久。

（2）Giemsa 染色液（pH7.4）（见实验十六）。

（3）Carnoy 固定液（见实验九）。

（4）其他：0.075mol/L KCl、0.2% 秋水仙素、0.002mol/L 8-羟基喹啉、双蒸水。

【实验方法】

1. 材料培养

将玉米或蚕豆充分浸种后，分别摆在铺有滤纸的培养皿内或种于锯末中，于25℃黑暗条件下培养。

2. 预处理

待根尖长至 0.5～1cm 时，切取根尖立即放入盛有 1ml 0.2% 秋水仙素或 0.002mol/L 8-羟基喹啉的青霉素瓶中预处理 2～3h，或者直接将预处理药品加到培养皿内活体处理 3～4h，以便获得更多的中期分裂象。

3. 前低渗

切取分裂旺盛的根尖分生区，放入 0.075mol/L KCl 低渗液中 25℃处理 30min。

4. 预固定

吸去前低渗液，立即加入 Carnoy 固定液固定 20～30min，蒸馏水洗 3 次（可省略）。

5. 酶解去壁

加入 2.5% 混合酶液 5 滴左右，25℃处理 30～60min。

6. 后低渗

吸去酶液，慢慢加入 25℃的双蒸水，轻轻洗一次，然后在双蒸水中浸泡 10～30min。

7. 制片

可用两种方法制片。

1）悬液法

（1）制备细胞悬液：倒去双蒸水，用镊子立即将材料夹碎形成细胞悬液。

（2）固定：向细胞中加入新配制的 Carnoy 固定液 1～2ml，充分混匀。

（3）去沉淀：静置片刻使大块组织沉淀，然后取上层细胞悬液于另一个青霉素瓶中。

（4）去上清液：将上层细胞悬液静置 30min，即可见细胞沉淀，用吸管轻轻吸去上清液，留 0.5ml 左右细胞悬液制备标本。

（5）标本制备：在一张经过充分洗净脱脂，并预先在 4℃蒸馏水中预冷的清洁载玻片上，用吸管滴 2～3 滴细胞悬液，立即将载玻片一端抬起，并轻轻吹气，使细胞迅速分散，然后在酒精灯火焰上微微加热烤干。

（6）染色：经干燥的玻片标本，用 Giemsa 染色液（pH7.4）染色 30min，然后用自来水细流冲洗，甩干水珠，空气干燥。

2）涂片法

（1）固定：将后低渗好的材料，直接用 Carnoy 固定液固定 30min 以上。

（2）涂片：将材料放在预先用蒸馏水浸泡并预冷的清洁载玻片上，加一滴 Carnoy 固定液，然后用镊子迅速将材料夹碎，涂布于载玻片上，并去掉大块组织残渣。
（3）火焰干燥：立即将载玻片在酒精灯火焰上微微加热烤干。
（4）染色：同悬液法（6）。

8. 镜检
置显微镜下观察。

【实验结果】

在显微镜下可见紫红色染色体，寻找典型的中期染色体，注意观察中期染色体的长臂、短臂和着丝粒位置，并尽可能找到具有随体的染色体。

【注意事项】

1. 固定要充分，否则会对染色体的形状造成影响。
2. 纤维素酶的活性非常重要，若实验结果不理想，可以对纤维素酶的活性进行鉴定，并修改使用浓度。

【思考题】

1. 比较去壁低渗法和压片法的异同？
2. 去壁低渗法在细胞遗传学中具有哪些重要意义？

卡宝品红染色观察细胞有丝分裂

【实验目的】

1. 了解动植物细胞有丝分裂的基本模式，对有丝分裂的过程形成完整而直观的认识，以加深课堂讲授内容的理解和记忆。

2. 学习有丝分裂制片方法。

【实验原理】

有丝分裂（mitosis）是真核细胞分裂最普遍的一种形式，发生于一切具有分生能力的组织（细胞）中。有丝分裂的过程比较复杂，主要表现为细胞内发生了一系列复杂的变化，染色体复制后有规则地分开，使子细胞具有与母细胞相同的染色体数。

在研究组织的生长过程以及各种外界因素对动植物生长的影响及其机制时，必须了解有丝分裂的具体过程和速度，因而需要准确判断并划分分裂的确切时相及两个时相间的准确分界线。现在一般认为，各种细胞的有丝分裂基本相似，都是一个连续变化的过程，一般根据细胞核内染色体的变化，把有丝分裂分为间期、前期、中期、后期、末期及细胞质分裂等各期，中心体、纺锤体、细胞板、成膜体以及细胞与细胞核形态的观察，对于有丝分裂的分期也是非常必要的。

细胞有丝分裂过程中，各个时期染色体的形态变化如下。

1. 间期

这是细胞准备分裂的时期，该期十分活跃地合成细胞核中染色质复制所必需的各种物质（如核酸、蛋白质），并完成复制过程。处于细胞分裂间期的细胞核十分清晰，比不进行有丝分裂的细胞核稍大些，但在光学显微镜下还看不到细胞外貌有明显的变化，所以该期曾经被称为静止期。

2. 细胞核分裂期

1）前期

（1）早前期——出现染色质丝，称前染色体，上面有着色较深的染色粒。

（2）中前期——前染色体逐渐螺旋化缩短，加粗并成为染色体，核仁开始消失。

（3）晚前期——染色体纵裂成两条染色单体，其间以着丝粒相联结。核仁和核膜消失。

在大多数动物细胞和某些低等植物细胞内还可见到中心体。在晚前期，中心体复制后的两组中心粒彼此分开，移向两极，它们中间开始出现纺锤丝。

2）中期

（1）早中期——出现纺锤丝，染色体向赤道面移动。

（2）晚中期——染色体排列在赤道面上，从着丝点向两极各有一条纺锤丝，纺锤体已完全形成。

3）后期

（1）早后期——着丝粒分裂，纺锤丝各牵引一个染色单体。

（2）晚后期——染色单体各到达一极，称为子染色体。

一般认为后期包括两个过程，一是纺锤丝缩短将染色体拉向两极，二是纺锤体之间相互滑动使两极离得更远，细胞变长。植物细胞多数只发生过程一，而动物细胞则多数是两个过程同时发生。

4）末期

（1）早末期——子染色体基质开始消失，染色体解螺旋。

（2）中末期——开始重建细胞核，出现核仁，植物细胞中纺锤丝形成成膜体。

（3）晚末期——成膜体逐渐消失，开始形成细胞壁，两个子细胞核已完全形成。

在动物细胞有丝分裂末期，纺锤丝并不形成成膜体，而是形成中体，细胞中部开始出现胞质分裂环。

3. 细胞质分裂

（1）植物细胞中，成膜体扩展，出现新细胞壁。动物细胞中，细胞中间发生缢缩，细胞质分成两部分。

（2）形成两个子细胞。

有丝分裂标本的制备，多以分裂象较多的组织为材料，或经秋水仙素处理以增多分裂象。经过固定后尽量使细胞分散，然后染色制成标本，置显微镜下观察。

【实验用品】

1. 材料

洋葱根尖、马蛔虫卵切片（示有丝分裂）。

2. 器材

显微镜、刀片、镊子、恒温水浴锅、铅笔等。

3. 试剂

（1）Carnoy 固定液（见实验九）。

（2）1mol/L HCl：取 1.18g/ml 的浓盐酸 82.5ml，加水至 1000ml。

（3）卡宝品红染色液（见实验十三）。

（4）70% 乙醇。

【实验方法】

一、洋葱根尖细胞有丝分裂各期染色体形态的观察

1. 取材

一般用种子萌发的根尖，以生长到 1~2cm 长时取材比较合适。但种子较大的如蚕豆，则用侧根效果更好，这样可以节省大量种子，截取根尖的长度一般为 1~2cm。

2. 固定

刀片切下根尖，立即放入 Carnoy 固定液固定 2~24h。时间长短由材料大小决定，材料小者可短，材料大的则长。固定后可将材料移至 70% 乙醇中保存，放入 4℃冰箱中备用。

3. 解离

使用 1mol/L HCl，室温作用 40min。

4. 染色

取根尖用卡宝品红染色液染色 5~10min。

5. 压片

用刀片将根尖的伸长区部分切掉，留下分生组织，然后放在载玻片上，加 1 滴卡宝品红染色液，盖上盖玻片，用大拇指按压使细胞散开，注意不要让盖玻片在载玻片上滑动，以免细胞皱缩成团或被压烂。

6. 镜检

将样品置于显微镜下仔细观察，细心分辨有丝分裂的各期，注意它们的特征。

二、动物细胞有丝分裂各期染色体形态的观察

先用低倍镜找到马蛔虫卵切片有丝分裂旺盛的区域，然后用高倍镜观察。

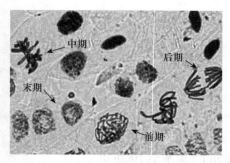

图 22-1　洋葱根尖细胞有丝分裂各时期
染色体形态（40×）

【实验结果】

在显微镜下找到处于有丝分裂各时期的细胞，观察其染色体的形态特点（图 22-1）。

【注意事项】

1. 盐酸解离的时间要把握好，解离不足会给压片带来困难，解离过度则染色体形态会受到影响。

2. 压片时，用力要均匀并避免盖玻片的滑动对染色体的形态造成影响。

【思考题】

1. 比较植物根尖细胞有丝分裂各时期，分析与第二次减数分裂各时期的异同？
2. 说明动物、植物细胞有丝分裂的异同？

卡宝品红染色观察细胞减数分裂

【实验目的】

1. 掌握生殖细胞减数分裂发生过程及各时期的染色体和细胞形态变化的特点。
2. 对比有丝分裂，了解动植物生殖细胞的形成过程。
3. 了解减数分裂的生物学意义。

【实验原理】

减数分裂是指有性生殖的个体在形成生殖细胞过程中发生的一种特殊分裂方式，常与配子的发生紧密联系在一起。在减数分裂过程中，细胞连续进行两次核分裂，但遗传物质只分裂一次，因而得到染色体数目减半的子细胞，即雌雄配子。经过受精作用，雌雄配子结合为合子，染色体数目又恢复到母细胞水平，保证了有性生殖生物个体世代之间染色体数目的稳定性和遗传物质的相对稳定。此外，在减数分裂过程中，还发生了同源染色体的联会、交换和非同源染色体的自由组合，使配子的遗传多样化，增强了生物适应环境变化的能力，为有性生殖过程中创造变异提供了遗传的物质基础。因而，减数分裂是生物有性生殖的基础，是生物遗传、生物进化和生物多样性的重要基础保证。根据染色体的变化，以及核膜、核质、核仁等的变化，可以对减数分裂的过程进行分期。

显微镜下观察到减数分裂各个时期的染色体形态特点如下。

1. 减数分裂 I

1）前期 I

（1）细线期：染色体很细很长，呈细线状在核内交织成网。每一染色体含两个染色单体，但显微镜下看不到双线结构，染色体呈丝状结构。

（2）偶线期：染色体的形态与细线期差别不大，同源染色体配对，形成二价体，每个二价体有两个着丝点，染色质丝比细线期粗。

（3）粗线期：染色体螺旋化，进一步缩短变粗，显微镜下可明显看到每个染色体的 2 个姐妹染色单体。二价体由 4 个姐妹染色单体和 2 个着丝粒组成，这时非姐妹染色单体间可能会发生交换。

（4）双线期：染色体进一步螺旋化，变得更为粗短，更为清晰可见，二价体中的两条同源染色体相互分开出现交叉现象，呈 "X" "V" "∞" "O" 等形状。

（5）终变期：染色体高度浓缩，染色体均匀分散在核膜附近。此时是检查染色体数的最好时期，这时核内有多少个二价体，说明有多少对同源染色体。

核仁和核膜在前期Ⅰ始终存在，在终变期时核仁、核膜开始消失。

2）中期Ⅰ　　核仁、核膜消失，二价体均匀排列在赤道面上，纺锤体形成。从纺锤体的侧面看，一个个二价体就像一列横队排列在细胞中；从纺锤体的极面看，一个个二价体分散在细胞质中。这时也是染色体计数的好时期。

3）后期Ⅰ　　二价体的两个同源染色体分开，由纺锤丝拉向两极。染色体又变成了丝状。

4）末期Ⅰ　　同源染色体分别到达细胞两极，染色体变成了染色质状，核膜、核仁重新出现，形成两个子核，每个子核染色体数目减半。同时，细胞质分开形成两个子细胞，叫二分体。

2. 减数分裂Ⅱ

1）前期Ⅱ　　染色体呈丝状，每个染色体具两个姐妹染色单体，共用一个着丝粒，二者间有明显互斥作用（分开趋势）。前期Ⅱ快结束时，核膜消失。

2）中期Ⅱ　　染色体排列在赤道面上，每条染色体有两个染色单体和一个着丝粒。

3）后期Ⅱ　　每个染色体从着丝粒处分裂为二，分别向两极移动。

4）末期Ⅱ　　移到两极的染色体解螺旋，出现核仁、核膜，形成单倍的子核，这时减数分裂Ⅰ形成的两个单倍核形成 4 个单倍核，最后形成 4 个子细胞即四分体。

【实验用品】

1. 材料
大葱花序。

2. 器材
普通光学显微镜、镊子、解剖针、载玻片、盖玻片、滤纸、铅笔、铲勺等。

3. 试剂
（1）Carnoy 固定液（见实验九）。
（2）70% 乙醇。
（3）卡宝品红染色液（见实验十三）。

【实验方法】

1. 取材
取大小同枣相似、绿色的大葱花序。

2. 固定
将大葱花序浸泡在 Carnoy 固定液中，固定 3h，置 70% 乙醇保存。

3. 取花粉
用镊子摘取一朵葱花，用解剖针将花药剖出，置于干净的载玻片上，用铲勺将花药压碎，去掉花粉壁细胞等杂质，得到花粉。

4. 染色

用镊子蘸取少许卡宝品红染色液，滴在花粉上，染色 1～2min。

5. 压片

盖上盖玻片，用滤纸将多余的染色液吸掉，先用拇指轻压盖玻片，再用铅笔轻敲盖玻片几次，使染色体分散。

6. 镜检

将制好的装片置显微镜下，寻找各时期的细胞，观察染色体的形态。

【实验结果】

在显微镜下可观察到减数分裂各个时期的典型细胞（图 23-1）。

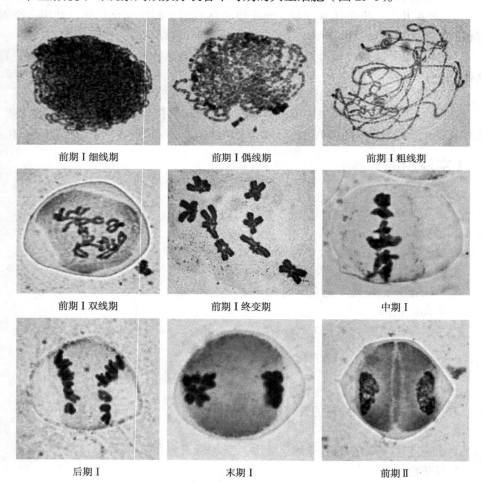

前期Ⅰ细线期	前期Ⅰ偶线期	前期Ⅰ粗线期
前期Ⅰ双线期	前期Ⅰ终变期	中期Ⅰ
后期Ⅰ	末期Ⅰ	前期Ⅱ

图 23-1　大葱葱花减数分裂各时期染色体形态（40×）

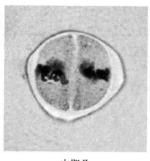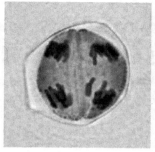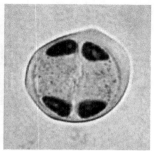

中期Ⅱ　　　　　　　　后期Ⅱ　　　　　　　　末期Ⅱ

图 23-1　大葱葱花减数分裂各时期染色体形态（40×）（续）

【注意事项】

1. 实验中如发现视野内全是花粉粒，则说明该葱花已完成减数分裂，需在该花序的下方重新取材；如全是花粉母细胞，则说明该葱花尚未进行减数分裂，需在该花序的上方重新取材。

2. 取花粉时要正确剖出花粉，如取到的是花药壁细胞，则观察不到减数分裂现象。

【思考题】

1. 比较有丝分裂和减数分裂的异同。
2. 试述减数分裂的遗传学意义。

细胞凝集和细胞融合

【实验目的】

1. 观察细胞凝集反应，了解细胞膜表面的生物学特性。
2. 了解细胞融合的原理，掌握细胞融合的基本方法。

【实验原理】

细胞膜是双层脂镶嵌蛋白质结构，脂和蛋白质又能与糖分子结合为细胞表面的分支状糖被，目前认为细胞间的联系、细胞的生长和分化、免疫反应和肿瘤发生都和细胞表面的分支状糖分子有关。

凝集素（lectin）是一类含糖的（少数例外）并能与糖专一结合的蛋白质，具有凝集细胞和刺激细胞分裂的作用。凝集素使细胞凝集是它与细胞表面的糖分子结合，在细胞间形成"桥"的结果，加入与凝集素互补的糖则可以抑制细胞的凝集。

细胞融合是指两个或两个以上的细胞合并成为一个细胞的过程，在自然情况下，体内和体外培养的细胞均能发生自发融合现象。人工方法诱导细胞融合开始于20世纪50年代，现在这项技术已成为研究细胞遗传、细胞免疫、肿瘤及细胞工程的重要手段。

在诱导物（如仙台病毒、聚乙二醇）作用下，细胞首先发生凝集，随后在细胞膜接触处发生细胞膜成分的一系列变化，主要是某些化学键的断裂与重排，最后打通两细胞膜，形成双核或多核细胞（此时称同核体或异核体）。通过有丝分裂，细胞核便发生融合，形成杂种细胞。

【实验用品】

1. 材料

土豆块茎、新鲜鸡血。

2. 器材

离心机、离心管、显微镜、天平、血球计数板、滴管、无菌注射器、载玻片等。

3. 试剂

（1）PBS（pH7.4）（见实验九）。

（2）GKN液：NaCl 8g、KCl 0.4g、$Na_2HPO_4 \cdot 2H_2O$ 1.77g、$NaH_2PO_4 \cdot 2H_2O$

0.69g、葡萄糖 2g、酚红 0.01g，溶于 1000ml 双蒸水中。

（3）50% 聚乙二醇（PEG）溶液：称取一定量的 PEG4000 放入刻度试管，在酒精灯火焰或沸水中加热熔化。待冷至 50℃时，加入等体积并预热至 50℃的 GKN 液，混匀。

（4）Alsver 液：葡萄糖 2.05g、柠檬酸钠 0.8g、KCl 0.42g，加双蒸水 100ml。

（5）0.9% NaCl 溶液。

【实验方法】

一、细胞凝集反应

（1）称取去皮土豆块茎 2g，加 10ml PBS 浸泡 2h，浸出的粗提液中含有可溶性土豆凝集素。

（2）无菌抽取兔子静脉血（加抗凝剂），然后用 0.9% NaCl 溶液洗 5 次，每次 2000r/min 离心 5min 并收集沉淀，最后根据沉淀体积用 0.9% NaCl 溶液配成 2% 红细胞悬液。

（3）用滴管吸取土豆凝集素和 2% 红细胞悬液各 1 滴，滴于载玻片上，充分混匀，然后静置 20min，于低倍镜下观察细胞凝集现象。

对照组：采用 PBS 替代土豆粗提液。

二、细胞融合

（1）用注射器取 2ml Alsver 液，再从鸡翼下静脉取鸡血 2ml，注入试管内，然后加 6ml Alsver 液，混匀后置 4℃冰箱中备用。

（2）取步骤（1）获得的溶液 1ml 于离心管中，加入 4ml 0.9% NaCl 溶液，混匀后 1200r/min 离心 5min，去上清。

（3）再重复步骤（2）两次，最后一次离心 10min。

（4）在沉淀中加入 2ml GKN 液，使之成为 10% 的悬液。

（5）取步骤（4）得到的悬液 1 滴，用血球计数板计数，加 GKN 液稀释至每毫米含红细胞 3 万～4 万个。

（6）取稀释好的细胞悬液 1ml，加入 0.5ml 50% PEG 溶液，迅速混匀，常温下滴片镜检。

【实验结果】

1. 在加入土豆凝集素以后，可在显微镜下观察到红细胞发生凝集，使用 PBS 的对照组则没有凝集现象。

2. 在 PEG 的诱导下，鸡血细胞会发生融合。显微镜下观察到不同程度的融合现象。通常分为 5 个阶段。①两细胞膜接触，粘连；②细胞膜形成穿孔；③两细胞的细胞质相通；④通道扩大，两细胞连成一体；⑤细胞完全合并，形成一个含有两个或多个核的圆形细胞。

【注意事项】

本实验所用的实验材料必须保证新鲜，以获得最好的实验结果。

【思考题】

1. 简述所观察到的细胞融合各阶段的主要特点。
2. 如何测定细胞融合率？

实验二十五

微核的检测方法

【实验目的】

1. 了解微核检测的原理及应用。
2. 学习动物、植物微核测定方法。

【实验原理】

微核是真核细胞中一种异常的结构，是染色体畸变在间期的一种表现形式。微核是由染色单体或染色体的无着丝点断片或因纺锤体受损伤而丢失的整个染色体在细胞分裂后期，自然遗留在细胞质中，末期之后，单独形成一个或几个规则的次核，被包含在子细胞的细胞质内，因比主核小，故称微核（micronucleus）。

凡能使染色体发生断裂，并延迟到细胞分裂后期，或使染色体和纺锤体联结遭到破坏的遗传损伤，都可以用微核试验来检测。目前，微核已作为一种评价遗传毒性的指标广泛用于辐射损伤检测、药物筛选、肿瘤防治和临床检测及环境中致突变因子的快速检测。多用哺乳动物骨髓细胞及外周血淋巴细胞进行微核实验。

【实验用品】

1. 材料

人外周血（淋巴细胞）、小鼠（骨髓细胞）、青皮蚕豆。

2. 器材

显微镜、离心机、解剖盘、刀、剪刀、注射器、载玻片、培养皿、离心管、烧杯、吸管等。

3. 试剂

（1）甲基纤维素溶液：100ml 0.9% NaCl 溶液中加入 0.5g 甲基纤维素，有棉絮状产生，不可加温，然后置冰箱中（4℃），5h 后使用，亦可长期保存达一年。

（2）10×Giemsa 染色液（见实验十六）。

（3）PBS（pH6.8）：称取 KH_2PO_4 6.8g，加水 500ml 使溶解，用 0.1mol/L NaOH 溶液调节 pH 至 6.8。

（4）Giemsa 染色液（pH6.8）：由 PBS（pH6.8）将 10×Giemsa 染色液稀释 10 倍。

（5）卡宝品红染色液（见实验十三）。

（6）Carnoy 固定液（见实验九）。

（7）诱变剂：苯、杀虫剂、甲基磷酸乙酯（EMS）等。

（8）Wright-Giemsa 染色液：称取 Wright 粉末 1g、Giemsa 粉末 0.85g，加甘油 10ml、甲醇 500ml，充分研磨，置于棕色瓶中保存。

（9）其他：0.2% 肝素、0.9% NaCl 溶液、胎牛血清、1mol/L HCl。

【实验方法】

一、人外周血淋巴细胞微核测定——甲基纤维素法

（1）采 0.5～0.6ml 人外周血，加 0.2% 肝素 0.1ml，再加甲基纤维素溶液 0.25～0.3ml（血样的 1/2）充分混合，注意不要产生气泡。

（2）置 37℃水浴（或温箱）内沉淀 30min，吸取上层清液（尽量不要挨近红细胞层）于另一离心管中，将上清液 1000r/min 离心 10min，去掉大部分上清液，约留 0.5ml 即可。

（3）将沉淀吹打混匀，用滴管吸少许沉淀做涂片，迅速干燥（可用吹风机吹干），否则细胞易变形。

（4）Wright-Giemsa 染色液染色 5～10min。

（5）自来水冲洗，自然干燥。

（6）在显微镜下检查淋巴细胞的微核，统计微核的发生率。

二、小鼠骨髓细胞微核测定

（1）实验前一天取小鼠 2 只（7～12 周龄的小鼠较为适宜），一只腹腔注射诱变剂苯 0.5ml/kg 体重；另一只不做任何处理，为对照。

（2）处理 24h 后，采用颈椎脱臼或眼眶放血处死小鼠，迅速取两根股骨，剔除肌肉，用纱布擦掉附在股骨上的血污，剪掉股骨两头，露出骨髓腔。

（3）用 6 号针头的注射器，吸取 0.9% NaCl 溶液 1～2ml，将针头插入骨髓腔内，用 0.9% NaCl 溶液将骨髓细胞冲入离心管内，反复冲洗数次，1000r/min 离心 5min。

（4）弃去上清液，加入 0.5ml 胎牛血清，吸打成细胞悬液。

（5）用吸管吸取一滴骨髓细胞悬液，于载玻片的一端，推片法制成骨髓细胞涂片，在空气中晾干。

（6）用 Giemsa 染色液（pH6.8）染色 5～10min。

（7）自来水冲洗，自然干燥。

（8）镜检，计算微核的发生率，以千分率表示。

三、蚕豆根尖细胞的微核测定

（1）取青皮蚕豆 50 粒，用 55℃的温水浸泡 12h，待蚕豆吸满水后，种植于锯

末中（如种在纱布中，必须每天换水 1～2 次），待根尖长至 1～3cm 时，取出。

（2）将诱变剂甲基磺酸乙酯（EMS）或杀虫剂，配制成 150～200mol/L 溶液，倒入青霉素瓶中或 50ml 烧杯中，选择长度、生长势一致的蚕豆根尖摆放在溶液中，处理 3h。

（3）处理结束后，将诱变剂溶液倒掉，用水将蚕豆根尖洗净，再恢复培养 22h。

（4）将根尖切下 0.5cm 左右，在 Carnoy 固定液中固定 2h 以上。

（5）用蒸馏水洗根尖 3～4 次，将固定液洗干净，吸净水分，加入 1mol/L HCl，40℃左右酸解 30～40min 至幼根软化。

（6）将盐酸吸出，用水洗 3 次，每次 5min，将水吸净。

（7）取一根尖放在载玻片的中间，用刀片将根冠和伸长区切下（注意材料不可太大），滴 1 滴卡宝品红染色液，染色 5～8min，加一盖玻片，用镊子或铅笔轻敲盖玻片，使细胞均匀铺开，用滤纸吸去多余染料。

（8）镜检，计算微核的千分率。

【实验结果】

1. 人外周血在血涂片上，经甲基纤维素处理后的淋巴细胞经 Wright-Giemsa 染色液染色后呈灰红色，细胞中有蓝紫色的小颗粒，即微核。

2. 在显微镜下，可观察到在小鼠骨髓细胞悬液中的一些细胞体积较大，细胞质内存在少量嗜碱物质，其中蓝紫色小颗粒即微核。本实验用苯处理的小鼠，微核率在 10.63‰ 左右。

3. 在显微镜下，可看到蚕豆根尖细胞中微核的大小不足主核 1/3，并与主核分离，着色稍浅或一致，呈圆形或椭圆形。

【注意事项】

1. 人外周血加甲基纤维溶液后，用滴管将其轻轻混匀，注意不要产生气泡，否则破坏甲基纤维素对红细胞的吸附作用。

2. 染色后，直接用自来水冲洗，不要把染料吸走后再冲洗，否则涂片上会留有染料残渣。

【思考题】

1. 微核是如何形成的？

2. 微核测定在医学和生物学中有何意义？

小鼠胚胎成纤维细胞原代培养

扫码看视频和彩图

【实验目的】

1. 掌握细胞原代培养的基本原理。
2. 掌握细胞分离的基本方法。
3. 掌握细胞原代培养的方法。

【实验原理】

细胞培养是指通过模拟体内的生理、生化环境，使细胞在体外无菌、适温条件下生长和繁殖，并维持其一定结构和功能的技术。细胞培养又可分为原代培养和传代培养。

由于体外培养的细胞其结构和功能接近体内情况，便于使用各种技术和方法进行研究，并能在较长时间内直接观察细胞生长、发育、分化过程中的形态和功能变化，因此，细胞培养已经成为现代生命科学研究中一项非常重要的技术，并广泛应用在细胞生物学、分子生物学、遗传学、药理学、免疫学、细胞与组织工程、衰老生物学、肿瘤和病毒学以及临床基础等研究。

原代培养是指从活体中分离获得细胞进行的首次培养，细胞的结构和功能更接近于体内。原代培养可简要分成 3 个步骤：①活体中获取组织样品；②细胞解离；③细胞接种培养。组织分离后，原代培养又可分为两种：①将组织块用剪刀剪成细小的碎块放入培养皿中直接培养，细胞会慢慢向外迁移生长，到达一定数量后将剩余组织块去除即可；②将细胞从组织中解离出来，制成细胞悬液进行接种培养。细胞从组织中解离即组织消化，主要方法有酶解法、机械法等。酶解法使用的酶有胰蛋白酶、胶原酶、透明质酸酶等，这些酶可联合使用，或与机械法配合使用，以达到细胞解离形成单细胞悬液的目的。

【实验用品】

1. 材料

怀孕 13.5d 的母鼠。

2. 器材

超净工作台、CO_2 培养箱、倒置显微镜、解剖镜、水浴锅、离心机、解剖剪、镊子、培养皿、1.5ml 离心管和 50ml 离心管、移液器、一次性无菌吸管等。

3. 试剂

（1）DMEM 完全细胞培养基：向 DMEM 培养基中加入 10% 胎牛血清、1% 双抗（青链霉素）。

（2）0.05% 胰蛋白酶-乙二胺四乙酸（EDTA）溶液。

（3）PBS（pH7.4）（见实验九），使用前加入 1% 双抗（青链霉素）。

（4）75% 乙醇。

【实验方法】

1. 准备工作

（1）超净工作台清洁：使用 75% 乙醇擦拭超净工作台台面，紫外线照射杀菌 15min。

（2）实验台清洁：使用 75% 乙醇喷洒实验台面，铺上一层保鲜膜。

2. 组织分离

（1）分离胚胎：取怀孕 13.5d 的母鼠，使用脊椎脱臼法快速处死，喷洒 75% 乙醇对小鼠进行消毒。使用剪刀打开腹腔，取出子宫放入盛有 PBS 的培养皿中，将小鼠胚胎剥离出来。

（2）分离组织：在解剖镜下选择状态良好的小鼠胚胎，去除小鼠胚胎的头、四肢、尾和内脏，保留躯干。

3. 细胞解离

（1）机械剪碎：在超净工作台内，将小鼠胚胎躯干组织转移至装有 PBS 的 1.5ml 离心管中，用无菌剪刀将组织剪碎。沉降片刻，吸去 PBS，加入新的 PBS 清洗组织块。

（2）胰蛋白酶解离细胞：将剪碎的组织块吸出，转移至 0.05% 胰蛋白酶-EDTA 溶液中，37℃水浴消化 5min。消化结束后，使用移液器吹打，使组织块消化更加充分，细胞更加分散。

4. 细胞培养

（1）细胞收集：200g 离心 5min，弃上清。加入 PBS 清洗一次，200g 离心 5min，弃上清，加入 DMEM 完全细胞培养基重悬细胞。

（2）细胞培养：在倒置显微镜下对细胞进行计数，吸取细胞悬液到培养皿中，做好标记，置 CO_2 培养箱中 37℃、5% CO_2 条件下培养。

（3）观察：每天对培养的细胞做常规检查，观察的主要内容是：细胞生长状态、pH（培养液颜色的变化）和污染与否等情况。

【实验结果】

胚胎成纤维细胞贴壁速度较快，呈不规则形状（图 26-1）。

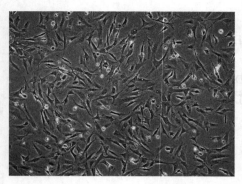

图 26-1 原代培养的小鼠胚胎成纤维细胞
（10×）

【思考题】

1. 简述动物原代培养的基本过程。
2. 胚胎成纤维细胞培养有何应用？

【注意事项】

1. 取胚胎过程可在普通实验台上进行，或在独立的超净工作台（与培养分开）中进行，小鼠全身用 75% 乙醇消毒。取出胚胎后在超净工作台（细胞培养用）中进行，且后续使用的剪刀、镊子等均须无菌。

2. 单层细胞培养法中细胞消化时，要尽量使细胞消化充分，分散成单个细胞。

3. 胰蛋白酶浓度根据消化组织的类型来选择。

实验二十七

细胞传代培养

【实验目的】

1. 掌握细胞传代培养的基本方法和操作过程。
2. 掌握无菌操作的要领和注意事项。

【实验原理】

当细胞增殖达一定密度后，细胞生长和分裂速度逐渐减慢、停止，如不及时进行分离传代培养，细胞将逐步衰老死亡。体外培养的原代细胞或细胞株要在体外持续地培养就必须进行传代，以获得稳定的细胞株和大量的同种细胞，并维持细胞种的延续，细胞传代培养一般要经过 3 个时期：游离期、指数生长期和停滞期。一般传代 2～3d 的细胞分裂增殖旺盛，是活力最好的时期，称指数生生期，适合做各种实验。

传代培养是指细胞从一个培养瓶以 1∶2 或 1∶3 接种到另一个培养瓶的培养。大多数细胞在体外培养时能够黏附在支持物表面生长，称为贴壁型生长细胞。贴壁型生长细胞的传代通常是采用胰蛋白酶消化，把细胞分散成单细胞再传代。少数种类的细胞在培养时不黏附于支持物上，而呈悬浮状生长（如某些癌细胞、血液白细胞），称悬浮型生长细胞。悬浮型生长的细胞传代则用直接传代法或离心法传代。

【实验用品】

1. 材料

人宫颈癌 HeLa 细胞系、鼠淋巴瘤 EL4 细胞系。

2. 器材

超净工作台、CO_2 培养箱、倒置显微镜、普通显微镜、灭菌锅、恒温水浴、离心机、培养瓶、无菌离心管、无菌吸管、微量移液器、酒精灯等。

3. 试剂

（1）DMEM 完全细胞培养基（见实验二十六）。

（2）1640 完全细胞培养基：在 RPMI1640 培养基中加入 10% 胎牛血清、1% 双抗（青链霉素）。

（3）其他：0.25% 胰蛋白酶、PBS（pH7.4）（见实验九）。

【实验方法】

一、贴壁型细胞

（1）取一瓶生长良好的 HeLa 细胞在倒置显微镜下观察，细胞如已长成致密单层，即可进行传代。

（2）将培养瓶放入超净台，吸去细胞培养液，用 2～3ml PBS 轻轻洗细胞一次。

（3）加入 0.5～1ml 0.25% 胰蛋白酶，轻轻转动细胞瓶，使其浸润整个细胞层，置室温下或 37℃培养箱内消化 3～5min。翻转培养瓶，肉眼观察细胞单层，见细胞单层薄膜上出现针孔大小空隙时即可吸去消化液。也可以把培养瓶放在倒置显微镜下进行观察，发现细胞质回缩、细胞间隙增大，应立即终止消化；如消化程度不够时可延长消化 1～2min；如见细胞大片脱落，表明已消化过头，则不能倒去消化液，否则就丢失了细胞，应直接进行下列操作。

（4）加入约 3ml DMEM 完全细胞培养基于培养瓶中终止消化，吸取培养瓶中培养液反复吹打瓶壁上的细胞层，直至瓶壁上的细胞全部被冲下，再轻轻吹打混匀，制成单细胞悬液，取样计数，调整细胞浓度约为 5×10^5 个 /ml。然后吸取 1ml 细胞悬液加到另一新的培养瓶中，原瓶留下 1ml 细胞悬液，弃去多余悬液，并向瓶中各加 4ml 培养液。盖好瓶塞，置 37℃恒温箱中培养。原代细胞进行首次传代时，细胞接种数量要多一些，以使细胞尽快适应新环境，利于细胞生存和增殖，随消化分离下来的组织块也可一并传入新的培养瓶。

（5）细胞传代后，每天应对培养细胞进行观察，注意有无污染、培养液的颜色变化、细胞贴壁、生长情况等。若细胞贴壁存活则称为传了一代。

二、悬浮型细胞

（1）取生长良好的 EL4 细胞，在超净工作台上用无菌吸管把细胞吹打均匀后，吸出细胞培养液，放入无菌离心管中，1000r/min 离心 5min。

（2）在超净工作台中吸去上清液，加入适量新鲜 1640 完全细胞培养基，用吸管吹打细胞制成悬液，按照 1：2 或 1：3 比例转移至新的培养瓶中，以正常培养条件培养。

（3）细胞培养 24h 后，即可进行观察，一般用倒置显微镜进行形态观察。生长良好的细胞透明度大，细胞内颗粒少，没有空泡，细胞膜清晰，培养液中看不到碎片。

【注意事项】

1. 贴壁型细胞进行传代时，胰蛋白酶消化的时间要掌握好，时间过短消化不充分，时间过长则会对传代后细胞的贴壁造成影响。

2. 传代时应根据后续实验对细胞的需求量来控制接种量。

【思考题】

1. 为什么培养细胞长成致密单层后必须进行传代培养？

2. 原代细胞培养和传代细胞培养有哪些区别？

3. 细胞培养过程中如何防止污染是一个很重要的问题，结合自己的实验操作过程，你认为细胞培养获得成功的关键是什么？

实验二十八

细胞的冻存

【实验目的】

1. 掌握细胞冻存的原理和方法。
2. 熟练掌握无菌操作技术。

【实验原理】

冻存细胞时要缓慢冷冻。因为细胞在不加任何保护剂的情况下直接冷冻时，细胞内外的水分都会形成冰晶，冰晶的形成将引起一系列的不良反应。首先，细胞脱水使局部电解质浓度增高，pH 改变，部分蛋白质变性，引起细胞内部空间结构紊乱。其次，细胞内冰晶的形成和细胞膜系统上蛋白质、酶的变性，会引起溶酶体膜的损伤使溶液释放造成细胞内结构成分的破坏，线粒体肿胀、功能丧失并造成细胞能量代谢的障碍。再次，细胞膜上的类脂蛋白复合体在冷冻中易被破坏引起细胞膜通透性的改变，使细胞内容物丧失。最后，细胞核内 DNA 也是冷冻时细胞易受损伤部分。如果细胞内冰晶形成较多，随冷冻温度的降低，冰晶体积膨胀造成 DNA 的空间结构发生不可逆的损伤性变化，而引起细胞的死亡。

在细胞冻存时尽可能均匀减少细胞内水分，减少细胞内冰晶的形成是减少细胞损伤的关键。目前，多采用甘油或二甲基亚砜（DMSO）做保护剂。这两种物质在深低温冷冻后对细胞无明显毒性，分子质量小，溶解度大，易穿透细胞，可以使冰点下降，提高细胞对水的通透性，加上缓慢冷冻方法可使细胞内的水分渗出，在细胞外形成冰晶，减少细胞内冰晶的形成，从而减少由于冰晶形成所造成的细胞损伤。

【实验用品】

1. 材料

人宫颈癌 HeLa 细胞系。

2. 器材

超净工作台、无菌离心管、冻存管、移液器、细胞冻存盒等。

3. 试剂

（1）细胞冻存液：在胎牛血清中加入 10%DMSO。

（2）0.25% 胰蛋白酶。

（3）PBS（pH7.4）（见实验九）。

【实验方法】

（1）选择生长良好的 HeLa 细胞，吸去旧培养基，加入 PBS 清洗细胞。

（2）吸去 PBS，加入 0.25% 胰蛋白酶消化细胞 3～5min，至细胞开始脱落。

（3）1000r/min 离心 5～10min，去除上清液。

（4）加入适量细胞冻存液使细胞浓度为（1～5）×10^6 个 /ml，混合均匀。将细胞悬液分装于细胞冻存管中并做好标记。

（5）将冻存管放入细胞冻存盒内（保证温度缓慢降低），放入 -80℃冰箱，过夜后转移至液氮中。一般情况下首次冻存的细胞应在短期内复苏一次，观察细胞对冻存的适应性。细胞在 -80℃环境下可保存 3 个月，在液氮中可保存 1 年，保存到期的细胞需要进行复苏后才能继续冻存。

【注意事项】

1. 在对细胞进行冻存时，要选用生长状态良好的细胞，以保证冻存之后的成活率。

2. 在细胞冻存过程中，操作要小心，以防液氮冻伤。

【思考题】

1. 在细胞冻存过程中，应该注意哪些关键步骤？

2. 为什么冻存细胞时要缓慢冷冻？

实验二十九

细胞的复苏

【实验目的】

1. 掌握细胞复苏的原理和方法。
2. 熟练掌握无菌操作技术。

【实验原理】

细胞复苏与冻存的要求相反，应快速融化。将冻存在 −196℃ 液氮中的细胞快速融化至 37℃，这样可以保证细胞外结晶在很短时间内融化，避免由于缓慢融化使水分渗入细胞形成胞内结晶对细胞造成损害。

【实验用品】

1. 材料

人宫颈癌 HeLa 细胞系。

2. 器材

超净工作台、CO_2 培养箱、水浴锅、离心机、无菌离心管、细胞培养瓶、无菌吸管等。

3. 试剂

（1）DMEM 完全细胞培养基（见实验二十六）。

（2）PBS（pH7.4）（见实验九）。

（3）75% 乙醇。

【实验方法】

（1）在超净工作台中按次序摆放好无菌的离心管、吸管、培养瓶等用具，用 75% 乙醇擦拭超净工作台台面，紫外线照射 30min。

（2）从液氮或 −80℃ 冰箱中取出细胞冻存盒，取出冻存管。

（3）迅速将冻存管放入 37℃ 水浴锅中，不断摇动，使管中的液体迅速融化。

（4）在超净工作台中，将细胞悬液转移至 1.5ml 离心管中。

（5）1000r/min 离心 5min。

（6）吸去细胞冻存液，加入 PBS 清洗细胞，1000r/min 离心 5min。

（7）吸去 PBS，加入适量的 DMEM 完全细胞培养基悬浮细胞，转移至细胞培养瓶。

（8）放入 CO_2 培养箱中 37℃、5%CO_2 条件下培养，约 24h 后观察细胞生长状态。

【注意事项】

1. 取细胞的过程中注意带好防冻手套，以防液氮冻伤。

2. 离心操作时，转速很重要。转速过低，活细胞沉淀的量不够；转速过高，则活细胞会因受压过大而死亡。

【思考题】

1. 在细胞复苏的过程中，应该注意那些关键步骤？

2. 为什么冻存细胞时要缓慢冷冻，复苏时要快速融化？

不同药物处理后肿瘤细胞生长活力的检测

【实验目的】

1. 掌握细胞培养的方法。

2. 学会 MTT 法检测细胞的生长状况，能独立进行细胞计数、形态观察、绘制生长曲线，了解细胞生长发育的特性。

3. 通过 MTT 法对不同浓度抗肿瘤药物对肿瘤细胞生长活力的影响进行测定。

4. 建立 MTT 法检测不同浓度抗肿瘤药物对细胞杀伤程度的方法。

【实验原理】

细胞培养是指从生物体内取出组织或细胞，在体外模拟体内生理环境，在无菌、适当温度和一定营养条件下，使之生存、生长和繁殖，并维持其结构和功能的方法。从广义上讲，体外培养概念包括所有结构层次的培养，即器官培养、组织培养和细胞培养，实际上在体外培养时，无论采用什么方法和条件，培养的主要成分仍然是细胞。由于体外培养的细胞其结构和功能接近体内情况，便于使用各种技术和方法进行研究，并能在较长时间内直接观察细胞生长、发育、分化过程中的形态和功能变化，而且可同时提供大量生物学性状相似的细胞作为研究对象，因此，细胞培养已经成为现代生命科学研究中一项非常重要的技术。

生长曲线是细胞数量随培养时间而变化的曲线，可以分为以下几个阶段。

潜伏期：即细胞对传代操作所致损伤的恢复期，对新生长环境的适应期，细胞修复自身损伤，熟悉新的环境，恢复生长。不同的培养细胞潜伏期有差异。连续培养的细胞潜伏期短，仅 6~24h。原代细胞培养一般潜伏期长，24~96h 或更长。

指数生长期：也称对数生长期，是细胞增殖最活跃、活力最旺盛的阶段，培养的细胞呈指数增长。有丝分裂指数是指处于分裂期的细胞数占细胞总数的百分比，细胞经染色后在显微镜下观察计数（一般计数 1000 个细胞中的分裂细胞数）。指数生长期内细胞分裂活动的程度可以作为判断细胞生长是否旺盛的重要指标。指数生长期是细胞活力最好的时期，是进行各种药物处理实验的主要阶段。

停滞期：也称平台期。细胞经过指数生长期后达到了较大的密度，培养液中的营养成分消耗较大，代谢废物积聚渐多，细胞不再分裂增殖，细胞数量维持在某一水平上。这个阶段，细胞生长活动停滞，但仍有代谢活动，要使细胞恢复生长，应立即进行传代。

生长曲线测定是测定细胞绝对生长数的方法，也是判断细胞活力的重要指标，为培养细胞生物学特性的基本参数之一。一般使用 3-（4,5-二甲基噻唑-2）-2,5-二苯基四氮唑溴盐（MTT）比色法。它的原理是：活细胞中的线粒体琥珀酸脱氢酶能使外源性 MTT 还原为水不溶性的蓝紫色结晶甲臜（formazan），并沉淀在细胞中，而死细胞无此功能。二甲基亚砜（DMSO）能溶解细胞中的甲臜，用酶标仪在 570nm 处测定其光密度（OD），在一定范围内 OD 值与细胞数量呈线性关系。OD 值可以间接地反应活细胞的状态。接种细胞后，每天定时取出进行 MTT 检测，可以得到细胞生长曲线。因此，本法可以用来检测药物作用下细胞生长活力的变化，进而评价药物对细胞存活和生长的作用。

【实验用品】

1. 材料

仓鼠卵巢 CHO 细胞系。

2. 器材

CO_2 培养箱、超净工作台、普通光学显微镜、倒置显微镜、酶标仪、培养瓶、试管、96 孔板、微量移液器、计数器、血球计数板等。

3. 试剂

（1）DMEM 完全细胞培养基（见实验二十六）。

（2）Carnoy 固定液（见实验九）。

（3）卡宝品红染色液（见实验十三）。

（4）PBS（pH7.4）（见实验九）。

（5）5mg/ml MTT：称取 250mg MTT，加 50ml PBS（pH7.4），充分溶解，0.22μm 滤膜除菌，分装，4℃保存。

（6）待检药品：将依托泊苷（VP-16）配制成 1μg/ml、10μg/ml、100μg/ml 等不同浓度。

（7）其他：DMSO、0.25% 胰蛋白酶、无水乙醇、DMEM 培养基。

【实验方法】

一、有丝分裂指数测定

（1）从 CO_2 培养箱取出细胞，弃去培养液，加入 0.25% 胰蛋白酶消化细胞，待细胞变圆，弃去胰蛋白酶液，用新的 DMEM 完全细胞培养基制成细胞悬液。

（2）用镊子夹取浸泡于无水乙醇中的盖玻片，在酒精灯上过火消毒，置于培养皿中。

（3）将浓度为（2～5）×10^4 个 /ml 的细胞悬液接种于铺有盖玻片的培养皿内。

（4）每 24h 取出一个盖玻片，用 PBS 冲洗。

（5）加入 Carnoy 固定液，固定 10min，取出盖玻片在空气中晾干。

（6）在一洁净载玻片上滴加一小滴（15μl）卡宝品红染色液，将盖玻片反盖于染色液上染色 2min。

（7）在显微镜下观察，计数 1000 个细胞及其中的分裂细胞数。

二、细胞生长曲线测定

（1）从 CO_2 培养箱取出细胞，弃去培养液，加入 0.25% 胰蛋白酶消化细胞，1000r/min 离心 5min，弃去胰蛋白酶液，用新的 DMEM 完全细胞培养基制成细胞悬液后计数。

（2）细胞计数：取 50μl 细胞悬液，加入 450μl PBS，取 100μl 滴在血球计数板上，于低倍镜下计数 4 角的 4 个大方格内的活细胞数。细胞浓度（个 /ml）＝（4 个大方格内细胞数 /4）×10^4×10（稀释倍数）。然后取所需体积的细胞悬液，稀释到 $2×10^4$ 个 /ml。

（3）将细胞按 $4×10^3$ 个 / 孔接种于 96 孔板，每孔加入 0.2ml 培养基，做细胞传代。其中 3 个孔只加 0.2ml 无细胞培养基作为空白对照。

（4）培养 24h 后加待检药品，可加入几种不同浓度的 VP-16（1μg/ml、10μg/ml、100μg/ml），对照组不加药液。

（5）每隔 24h 取出一板细胞进行呈色、比色。小心倒掉培养上清液，每孔加入 100μl MTT 和 DMEM 培养基的混合液［1ml MTT（5mg/ml）加到 10ml 的无血清 DMEM 培养基中］，放回 37℃培养箱继续培养 4h 后取出，弃去上清液，各孔加入 100μl DMSO，在摇床上避光振荡 10min。然后利用酶标仪在 570nm 波长下测定各孔 OD 值。

【实验结果】

1. 进行有丝分裂指数测定时，根据每日测定的数据计算分裂指数（分裂指数＝分裂细胞数 / 细胞总数 ×100%），再将所测得的百分数逐日按顺序绘制成图，即细胞分裂指数曲线。

2. 进行细胞生长曲线测定时，以时间为横坐标，OD 值为纵坐标绘制细胞生长曲线。比较不同浓度药物处理细胞后对细胞生长的影响。

【注意事项】

1. 接种细胞数目要准确，否则后面的工作不好进行，在接种时，要随时搅动细胞悬液，防止细胞沉淀造成细胞接种不均匀。

2. 加药液或换培养液时，药液或培养液沿孔边缓慢加入，但不能直接加到细胞上，细胞培养的每一步操作都应尽量避免会造成细胞生长不均匀的各种因素，这样才能保证 MTT 结晶形成的量与细胞数呈线性关系。

3. 实验中要放空白对照，其他实验步骤保持一致，最后比色时，以空白对照孔调零以减少误差。MTT 实验最后 OD 值要控制在 0.75~1.25，这样才能保证数据有线性关系，以减少实验误差，确保实验的准确性。

4. 加入 MTT 反应后会出现蛋白质沉淀，最后的沉淀很难溶解，高血清物质会影响实验孔的 OD 值，因此，要先用无血清的培养基培养 12h，再加入 MTT。

5. MTT 见光后颜色会逐渐变深，因此在加入 MTT 后 96 孔板应立即避光保存。

6. 可以在全部 MTT 实验做完后一起上机检测 OD 值，但前提是前面已做完的96 孔板须避光保存，也可以每天上机检测一次 OD 值，但使用酶标仪应该性能稳定。各天检测结果一致，才能做出较准确的生长曲线。

【思考题】

1. MTT 检测细胞活性的原理是什么？
2. 如何保证接种细胞数目的准确性？
3. 检测细胞生长曲线有哪些应用价值？

凋亡梯状带的诱导与电泳检测

【实验目的】

1. 了解细胞凋亡的原理。
2. 掌握离体诱导细胞凋亡的方法。
3. 掌握细胞凋亡的 DNA 梯状带检测方法。
4. 掌握细胞 DNA 的提取方法。
5. 掌握琼脂糖凝胶电泳技术。

【实验原理】

细胞凋亡时主要的生化特征是其染色质发生浓缩，染色质 DNA 在核小体单位之间的连接处断裂，形成 180～200bp 整数倍的寡核苷酸片段，凝胶电泳结果表现为梯状带电泳图谱。细胞经诱导处理后，提取细胞的 DNA，进行琼脂糖凝胶电泳和染色，在凋亡细胞群中可观察到典型的 DNA 梯状带（ladder）。

细胞凋亡可发生在机体正常发育和病理等过程中，也可以通过人工诱导产生，引起细胞凋亡的因子可分为三类：①物理因子，如射线、较温和的温度刺激（热激、冷激）等；②化学因子，如活性氧基团分子、重金属离子等；③生物因子，包括肿瘤坏死因子、生物毒素、抗肿瘤药物、DNA 和蛋白质合成的抑制剂等。

依托泊苷（etoposide，VP-16，又称鬼臼乙甙、足叶乙苷）是一种半合成的鬼臼脂毒衍生物，是 DNA 拓扑异构酶 II 的抑制剂。VP-16 与拓扑异构酶 II 及 DNA 三者可形成复合物，进而干扰酶的功能，使得断裂的 DNA 双链不能发生再连接。VP-16 对 S 末期及 G_2 期癌细胞有较强的杀伤作用，抑制细胞有丝分裂，为细胞周期特异性药物，使细胞停止于有丝分裂期。VP-16 也常用于体外诱导细胞凋亡。目前，该药物已广泛应用于肺癌的联合化疗和多种癌症的治疗。

【实验用品】

1. 材料

鼠杂交瘤细胞系。

2. 器材

CO_2 培养箱、超净工作台、电泳仪、电泳槽、离心机、凝胶成像系统、细胞培养瓶、微量移液器、无菌吸管、无菌离心管等。

3. 试剂

（1）1640 完全细胞培养基（见实验二十七）。

（2）PBS（pH7.4）（见实验九）。

（3）VP-16：用 DMSO 新鲜配制成 100mmol/L 的溶液，室温保存。

（4）溶解缓冲液：20mmol/L EDTA，100mmol/L Tris，0.8% SDS，用 NaOH 调 pH 至 8.0。

（5）其他：500U/ml RNA 酶 A、20mg/ml 蛋白酶 K、TAE 电泳缓冲液、琼脂糖、DMSO、DNA 上样缓冲液、Gel-Red（凝胶红）等。

【实验方法】

（1）将指数生长期的细胞计数，加入适量的 1640 完全细胞培养基，调整细胞密度为 4×10^5 个 /ml，置 CO_2 培养箱中继续培养。

（2）培养 24h 后，在实验组中加入适量 100mmol/L VP-16 至终浓度为 0.1mmol/L，37℃、5%CO_2 培养 24h；空白对照组加入等量的 DMSO（不加 VP-16），以排除 DMSO 对实验结果的影响。

（3）将细胞移入 1.5ml 离心管中，在 4℃条件下 1000r/min 离心 5min，弃上清，用预冷的 PBS 于 4℃条件下 1000r/min 离心 5min，弃上清。

（4）加入 20μl 溶解缓冲液，混匀细胞沉淀。

（5）加 10μl RNA 酶 A（500U/ml），轻弹管尖混匀，不要形成漩涡，37℃孵育 30～120min。

（6）加 10μl 蛋白酶 K（20mg/ml），轻弹管尖混匀，50℃孵育至少 90min，也可过夜。

（7）加入 DNA 上样缓冲溶液，用 2% 琼脂糖凝胶（含 Gel-Red）进行低电压电泳（2～4V/cm）。

（8）当 DNA 上样缓冲液中的溴酚蓝行进至凝胶中部时停止电泳，移至凝胶成像系统进行观察。

【实验结果】

凋亡细胞的 DNA 经琼脂糖凝胶电泳后出现大小间隔约为 180bp 的梯状带（图 31-1），如细胞坏死则 DNA 电泳出现连续的弥散带。

【注意事项】

1. VP-16 的使用量和处理时间需通过预实验来决定，处理不足或处理过度，均不能得到清晰的 DNA 梯状带。

2. 如果提取的 DNA 过于黏稠，则可稀释后进行琼脂糖凝胶电泳。

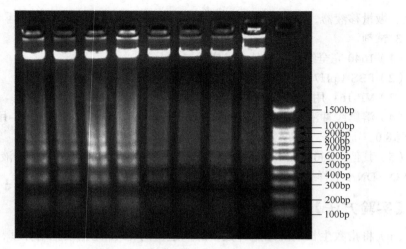

图 31-1　鼠杂交瘤细胞凋亡 DNA 梯状带

3. 电泳的电压要小，以保证得到清晰的 DNA 梯状带。

【思考题】

1. DNA 梯状带形成的原因是什么？
2. 诱导的时间与形成 DNA 梯状带有关系吗？

实验三十二

台盼蓝染色法显示凋亡细胞

【实验目的】

扫码看彩图

1. 了解台盼蓝染色法显示凋亡细胞的原理。
2. 掌握台盼蓝染色法区别正常细胞、坏死细胞与凋亡细胞的方法。

【实验原理】

台盼蓝染料分子不能穿过活细胞膜进入细胞内，故活细胞显示无色。坏死细胞由于细胞膜通透性改变，台盼蓝染料可以进入细胞内，因而细胞被染成蓝色。凋亡细胞由于细胞膜功能保持完整，故凋亡细胞对台盼蓝拒染而不显色，但细胞形态会发生变化。根据该原理可以区别正常细胞、坏死细胞与凋亡细胞。

【实验用品】

1. 材料

鼠杂交瘤细胞系或其他悬浮生长的细胞系。

2. 器材

普通光学显微镜、CO_2 培养箱、离心机、离心管、载玻片、盖玻片、镊子、吸管、移液器等。

3. 试剂

（1）1640 完全细胞培养基（见实验二十七）。

（2）PBS（pH7.4）（见实验九）。

（3）VP-16（见实验三十一）。

（4）2% 台盼蓝染液：称取台盼蓝 1g，溶于 50ml PBS（pH7.4）中。

（5）其他：DMSO 等。

【实验方法】

（1）将指数生长期的细胞计数，加入适量的 1640 完全细胞培养基，调整细胞密度为 4×10^5 个 /ml，置 CO_2 培养箱中继续培养。

（2）培养 24h 后，在实验组中加入适量 100mmol/L VP-16 至终浓度为 0.1mmol/L，37℃、5%CO_2 培养 36～48h。空白对照组加入等量的 DMSO（不加 VP-16），以排除 DMSO 对实验结果的影响。

（3）将细胞移入离心管，以 1000r/min 离心 5～10min。弃去上清液，加入少量培养液，用吸管轻轻吹打成细胞悬液。

（4）台盼蓝染色：取 0.5ml 细胞悬液放入干净试管中，加入约 0.1ml 2% 台盼蓝染液混合，2min 后取一滴混合细胞悬液滴在干净载玻片上。

（5）镜检：加盖玻片后置显微镜下观察。

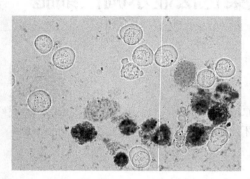

图 32-1　台盼蓝染色法显示凋亡细胞（40×）

【实验结果】

在显微镜下可观察到正常细胞呈圆形或椭圆形，不着色；凋亡细胞形态发生不规则变化，不着色；坏死细胞被染成蓝色（图 32-1）。

【注意事项】

1. 加入台盼蓝染液后，要将细胞悬液与染液混匀，以达到良好的染色效果。
2. 制片时，不要产生气泡，以免初学者将气泡与正常的细胞混淆。
3. 正常细胞不着色，观察时，需注意显微镜聚光器的使用。

【思考题】

台盼蓝染色后活细胞和凋亡细胞不着色，为什么？

吖啶橙荧光染色显示凋亡细胞

扫码看彩图

【实验目的】

1. 了解吖啶橙荧光染色显示凋亡细胞的原理。
2. 了解吖啶橙荧光染色显示凋亡细胞的方法。

【实验原理】

由于吖啶橙与多聚体的 DNA 和 RNA 亲和力不同，可以同时显示细胞内的 DNA 和 RNA，使核 DNA 显示黄绿色荧光，细胞质和核仁显示橘红色荧光，因此能很好地显示凋亡细胞核和凋亡小体的变化。

【实验用品】

1. 材料

鼠杂交瘤细胞系或其他悬浮生长的细胞系。

2. 器材

荧光显微镜、离心机、离心管、载玻片、盖玻片、镊子、移液器等。

3. 试剂

（1）1640 完全细胞培养基（见实验二十七）。

（2）PBS（pH7.4）（见实验九）。

（3）VP-16（见实验三十一）。

（4）95% 乙醇。

（5）0.01% 吖啶橙染液（见实验九）。

（6）其他：DMSO 等。

【实验方法】

（1）将指数生长期的细胞计数，加入适量的 1640 完全细胞培养基，调整细胞密度为 4×10^5 个 /ml，置 CO_2 培养箱中继续培养。

（2）培养 24h 后，在实验组中加入适量 100mmol/L VP-16 至终浓度为 0.1mmol/L，37℃、5%CO_2 培养 36～48h。空白对照组加入等量的 DMSO（不加 VP-16），以排除 DMSO 对实验结果的影响。

（3）将细胞移入 1.5ml 离心管，1000r/min 离心 5～10min，弃去上清液。

（4）加入 PBS 轻轻漂洗两次，1000r/min 离心 5～10min，弃去上清液。

（5）加入 1ml 95% 乙醇重悬细胞，固定 10min。

（6）1000r/min 离心 5～10min，弃去上清液，自然干燥。

（7）加入 100μl 0.01% 吖啶橙染液重悬细胞，染色 5min。

（8）取一滴细胞悬液在洁净的载玻片上。

（9）加盖玻片，荧光显微镜下观察。

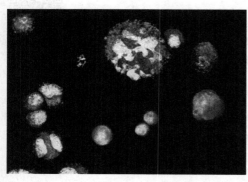

图 33-1　吖啶橙荧光染色显示凋亡细胞
（40×）

【实验结果】

荧光显微镜下，可观察到正常细胞的细胞核发黄绿色光，凋亡细胞核内聚集的染色质呈黄绿色，胞体周围含有染色质断片的凋亡小体呈绿色，无染色质断片的凋亡小体呈橘红色（图 33-1）。

【注意事项】

1. VP-16 的处理时间不要太长，以免观察不到凋亡过程中的细胞。

2. 在使用吖啶橙时，要注意避光。

【思考题】

1. 查阅资料，了解一下还有哪些方法可以显示凋亡细胞，比较一下这些方法的优缺点。

2. 吖啶橙显示凋亡细胞的原理是什么？

实验三十四

植物组织培养技术

【实验目的】

1. 熟练掌握植物组织培养的基本技术。

2. 通过实际操作掌握无菌操作的方法，在人工合成的培养基上进行植物的器官培养，通过细胞分裂、增殖分化、发育最终长成完整植株的全过程，进一步理解植物的全能性。

【实验原理】

植物组织培养是德国植物学家哈伯兰德（G. Haberlandt）于 1902 年首次提出的。细胞的"全能性"是植物组织培养的理论基础，也就是说任何具有完整细胞核的植物细胞都具有形成一个完整植株所必需的全部遗传信息。经过多年的发展和无数科学家的努力，这项技术越来越完善、越来越成熟。尤其是近 40 年来，植物组织培养技术得到了迅速发展，已经渗透到植物生理学、病理学、药学、遗传学、育种学等各个研究领域，成为生物学科中的重要研究技术手段之一，并广泛应用于农业、林业、工业、医药业等多个行业，产生了巨大的经济效益和社会效益，已成为当代生物科学中最有生命力的技术之一。

【实验用品】

1. 材料

菊花叶、茎，胡萝卜直根。

2. 器材

电子天平、高压灭菌锅、微波炉、超净工作台、pH 试纸、光照培养箱、无菌滤纸、组培瓶、手术刀、打孔器、玻璃棒、无菌培养皿、长柄镊子等。

3. 试剂

（1）20×MS 大量元素母液：称取 NH_4NO_3 33g、KNO_3 38g、$CaCl_2 \cdot 2H_2O$ 8.8g、$MgSO_4 \cdot 7H_2O$ 7.4g、KH_2PO_4 4.3g，于蒸馏水中充分溶解，定容至 1L。

（2）200×MS 微量元素母液：称取 KI 166mg、H_3BO_3 1.24g、$MnSO_4 \cdot 4H_2O$ 4.46g、$ZnSO_4 \cdot 7H_2O$ 1.72g、$Na_2MoSO_4 \cdot 2H_2O$ 50mg、$CuSO_4 \cdot 5H_2O$ 5mg、$CoCl_2 \cdot 6H_2O$ 5mg，于蒸馏水中充分溶解，定容至 1L。

（3）200×铁盐母液：称取 $FeSO_4 \cdot 7H_2O$ 5.56g、$Na_2 \cdot EDTA \cdot 7H_2O$ 7.46g，于

蒸馏水中充分溶解，定容至 1L。

（4）200×有机物质母液：称取烟酸 100mg、V_{B_1} 20 mg、V_{B_6} 100 mg、肌醇 20g、甘氨酸 400mg，于蒸馏水中充分溶解，定容至 1L。

（5）α-萘乙酸（NAA）母液：称取 NAA 10mg，先溶于 1mL 无水乙醇中，再加蒸馏水定容至 100ml，即浓度为 0.1mg/ml 的 NAA 母液。

（6）2,4-二氯苯氧乙酸（2,4-D）母液：称取 2,4-D 10mg，先用 1ml 1mol/L 的 NaOH 充分溶解，再加蒸馏水定容至 100ml，即浓度为 0.1mg/ml 的 2,4-D 母液。

（7）6-苄基氨基腺嘌呤（6-BA）母液：称取 6-BA 10mg，先用 1ml 1mol/L 的 HCl 充分溶解，再加蒸馏水定容至 100ml，即浓度为 0.1mg/ml 的 6-BA 母液。

（8）其他：无水乙醇、75% 乙醇、1mol/L NaOH、1mol/L HCl、2% 次氯酸钠、2% 次氯酸钠-吐温、蔗糖、琼脂、无菌水等。

【实验方法】

1. 培养基的配制

1）MS 培养基的配制

（1）取 20×MS 大量元素母液 50ml、200×MS 微量元素母液 5ml、200×铁盐母液 5ml、200×有机物质母液 5ml 到烧杯中，加入蒸馏水至 800ml，混匀。

（2）称取 20g 蔗糖加入步骤（1）的烧杯中溶解。

（3）称取 6～8g 琼脂到另一烧杯中，加入 50～100ml 蒸馏水，加热并搅拌使琼脂完全熔化，倒入步骤（1）的烧杯中。

（4）用 1mol/L HCl 或 1mol/L NaOH 调 pH 至 5.8～6.0，蒸馏水定容至 1L。

（5）混匀后分装到组培瓶中，每瓶 40～50ml。

2）MS 诱导培养基的配制　　向 MS 培养基加入终浓度为 0.5mg/L 的 6-BA 和终浓度为 0.125mg/L 的 2，4-D 即可。

3）MS 长芽培养基的配制　　向 MS 培养基加入终浓度为 1.0mg/L 的 6-BA 和终浓度为 0.1mg/ml 的 NAA 即可。

4）MS 生根培养基的配制　　向 MS 培养基加入终浓度为 0.1mg/L 的 NAA 即可。

2. 灭菌

将分装好的培养基放入灭菌锅。当压力升到 0.05MPa 时，打开放气阀将冷气放掉，关上放气阀。当压力升到 0.11MPa 时开始计时，维持该温度 20min。灭菌结束待自然冷却后取出培养基，放在超净工作台中待用。

3. 取材与消毒

1）菊花叶与茎的消毒

（1）选取生长正常的无病虫危害的菊花叶和茎，除去多余部分，然后将材料切割成适当的大小（1cm 左右），用蒸馏水洗 3 次，无菌水洗 1 次。

（2）在超净工作台上用 75% 乙醇洗材料 1min，立即除去乙醇。

（3）然后用 2% 次氯酸钠-吐温消毒液洗 10～15min，不时地摇动材料。

（4）弃去消毒液，用无菌水洗 3 次，每次 1～2min。

（5）将材料夹出来放在垫有滤纸的无菌培养皿中待用。

2）胡萝卜直根的消毒

（1）取已修整洗干净的胡萝卜，将直根切成 2～3cm 长的段，用 75% 乙醇浸泡 3min。

（2）倒掉 75% 乙醇，用无菌蒸馏水洗 2 次，每次 1～2min。

（3）然后用 2% 次氯酸钠溶液浸泡 10min，更换一次溶液再浸泡 10min。

（4）弃去次氯酸钠溶液，用无菌水洗 3～5 次，放入无菌培养皿中备用。

（5）用小号打孔器小心地将胡萝卜根的髓取出，取出部分应带有形成层，再用无菌玻璃棒将髓从打孔器中推出，然后用手术刀将两端切掉，将中间部分切成 2mm 左右的小圆片。

4. 接种

用长柄镊子向装有 MS 诱导培养基的组培瓶中，接入已消毒的叶、茎和胡萝卜髓片，使材料与培养基紧密接触，然后用无菌透气封口膜包好。

5. 培养

将已接种完毕的材料置于光照培养箱中于 25～28℃下培养。1 周后，可见材料的周围和上表面逐渐形成愈伤组织。

6. 器官的再分化

在无菌条件下，用长柄镊子将诱导出的愈伤组织取出，用手术刀小心地切成 2mm³ 的小块，转入 MS 长芽培养基中，置光照培养箱中于 28℃光照培养，10 周后就可以看到由愈伤组织分化成不定芽，当不定芽长到 1～2cm 长时，分割芽转入 MS 生根培养基中继续培养 10d 左右，可见有根长出，逐渐形成完整的植株。

【注意事项】

1. 必须严格按照无菌操作规则完成各个步骤。

2. 组织培养所用的工具、器皿必须事先灭菌。

3. 灭菌后的材料必须立即接种于培养基中，否则会造成二次污染，茎、芽、花等材料若不立即接种会影响其生活力而造成培养失败。

【思考题】

1. 植物组织培养和细胞培养分别是什么？二者有怎样的区别？

2. 植物组织培养的主要意义有哪些？

3. 植物组织培养的关键条件有哪些？

实验三十五

植物细胞骨架微丝的观察

扫码看彩图

【实验目的】

1. 掌握显示微丝蛋白的方法。
2. 了解微丝在体内的分布特点。

【实验原理】

微丝是普遍存在于真核细胞中由肌动蛋白组成的骨架纤维，直径约为 7nm，可成束或散在分布于细胞质中。微丝在微丝结合蛋白的协同下，形成独特的组织结构，参与细胞中许多重要功能活动，如肌肉收缩、细胞变形运动、细胞质分裂、受精作用等。近年来，研究发现微丝形成骨架系统与细胞信号传递有关，有些微丝蛋白（如纽蛋白）是蛋白激酶及癌基因产物的作用底物，微丝还与蛋白质的合成有关。

当培养细胞用适当浓度的 Tritxon X-100 处理时，可将细胞膜上和细胞内的蛋白质溶解，而骨架系统的蛋白质却不被破坏，经固定和考马斯亮蓝 R250 染色，可使细胞骨架蛋白着色而被显示出来。由于骨架系统中有些纤维（如微管）在该实验条件下不够稳定，而有些类型的纤维太细，在光学显微镜下无法分辨，因此只能看到微丝组成的微丝束。

【实验用品】

1. 材料

洋葱。

2. 器材

镊子、载玻片、盖玻片、普通光学显微镜等。

3. 试剂

（1）PBS（pH7.4）（见实验九）。

（2）M 缓冲液（pH7.2）：称取咪唑 3.404g、氯化钾 3.7g、$MgCl_2 \cdot 6H_2O$ 101.65mg、乙二醇双（2-氨基乙基醚）四乙酸（EGTA）380.35mg、EDTA 29.224mg，加巯基乙醇 0.07ml、甘油 292ml，溶于 800ml 蒸馏水中，加蒸馏水至 1000ml，用 1mol/L HCl 调 pH 至 7.2，室温保存。

（3）1%Triton X-100 溶液：按比例称取 Triton X-100 溶于 M 缓冲液（pH7.2）中。

（4）3% 戊二醛溶液：取 25% 戊二醛 3ml 加入 97ml PBS（pH7.4）即可。

（5）0.2% 考马斯亮蓝 R250 染液：取考马斯亮蓝 R250 0.2g、甲醇 46.5ml、冰乙酸 7ml，加蒸馏水至 100ml。

【实验方法】

（1）在载玻片上滴一滴 PBS，用镊子撕一小块洋葱鳞茎内表皮在 PBS 中铺展。

（2）加入 1%Triton X-100 溶液，室温处理 10～20min，除去骨架以外的蛋白质。

（3）用 M 缓冲液轻轻洗涤 3 次，每次 3min。

（4）在 3% 戊二醛溶液中固定 10min。

（5）PBS 洗涤 3 次，每次 2～3min，吸去多余液体。

（6）滴加 0.2% 考马斯亮蓝 R250 染液染色 25min，蒸馏水冲洗 1～2 次。

（7）封片，镜检。

【实验结果】

在显微镜下观察，可见一些充分伸展的成纤维细胞中，沿细胞长轴方向分布着被染成蓝色的纤维。这些纤维就是由许多微丝集聚而成的微丝束。在有些多角形细胞中，则可见纤维沿不同方向交叉分布，有的交织成网状结构（图 35-1）。

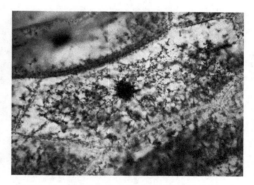

图 35-1 洋葱内表皮细胞中微丝束的显示（40×）

【注意事项】

1. 撕取洋葱内表皮的面积不要太大，以方便在载玻片上展平。

2. Triton X-100 处理的时间要掌握好。

【思考题】

1. 为什么使用戊二醛而不是其他固定液固定？

2. Triton X-100 处理的作用是什么？

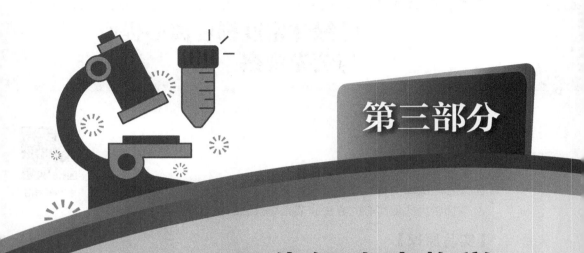

第三部分

现代细胞生物学
实验技术

实验三十六

叶绿体密度梯度离心提取与荧光观察

扫码看彩图

【实验目的】

1. 掌握叶绿体的分离技术。
2. 观察叶绿体的自发荧光和间接荧光。
3. 掌握密度梯度离心的方法和荧光显微镜的使用方法。

【实验原理】

采用两种浓度的蔗糖溶液制成梯度，在离心条件下，叶绿体和比它沉降系数小的细胞组分聚集到梯度交界处，而沉降系数较大的细胞组分沉降到离心管底部，利用此方法可以粗分离富集叶绿体。

荧光显微技术是利用荧光显微镜可对发出荧光的物质进行观测的一种技术。叶绿素受激发光照射后可直接发出荧光，在吸附荧光染料后可发出间接荧光。

【实验用品】

1. 材料

新鲜菠菜。

2. 器材

普通光学显微镜、荧光显微镜、水平转头离心机、研钵或组织捣碎器、剪刀、烧杯、离心管、吸液器、纱布等。

3. 试剂

（1）匀浆介质（0.25mol/L 蔗糖，0.05mol/L Tis-HCl，pH7.4）：称取蔗糖 85.55g、Tris 6.05g，溶解在 800ml 蒸馏水中，加入 4.25ml 0.1mol/L HCl，最后用蒸馏水定容至 1000ml。

（2）50% 蔗糖溶液。

（3）15% 蔗糖溶液。

（4）0.01% 吖啶橙染液（见实验九）。

【实验方法】

（1）用水洗净菠菜叶，尽可能使其干燥，去掉叶柄、主脉后，称取 2～3g，用剪刀将其剪碎。加入预冷到近 0℃的匀浆介质 10ml，在冰上用研钵研磨或组织捣碎器捣碎 2min。捣碎液用双层纱布过滤到烧杯中。

（2）将滤液移入 1.5ml 离心管，500r/min 离心 10min，轻轻吸取上清液。

（3）在 1.5ml 离心管内依次加入 50% 蔗糖溶液和 15% 蔗糖溶液各 0.4ml，注意 15% 蔗糖溶液沿离心管壁缓缓注入，不能搅动 50% 蔗糖溶液。密度梯度制好后可见两种溶液界面处折光有所不同。

（4）小心地沿离心管壁加入 0.4ml 上清液。

（5）8000r/min 离心 20min。

（6）取出离心管，可见叶绿体在密度梯度液中间形成带。

（7）用滴管轻轻吸出一滴叶绿体悬液滴于载玻片上，盖上盖玻片，于普通光学显微镜和荧光显微镜下观察。

（8）另取叶绿体悬液滴一滴到载玻片上，再滴加一滴 0.01% 吖啶橙染液，加盖玻片后即可在荧光显微镜下观察叶绿体的间接荧光。

【实验结果】

1. 不经染色的叶绿体在普通光学显微镜低倍镜下观察，可看到绿色橄榄形叶绿体，换高倍镜后可看到叶绿体内部含有深绿色基粒。

2. 不经染色的叶绿体在荧光显微镜下可观察到叶绿体的红色自发荧光（图 36-1）。

3. 经吖啶橙染色后，在荧光显微镜下可观察到叶绿体发出橘红色的间接荧光，如混有细胞核则可观察到绿色荧光。

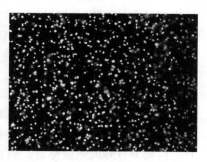

图 36-1 菠菜叶绿体自发荧光（40×）

【注意事项】

1. 实验材料应充分捣碎。

2. 铺设蔗糖密度梯度时应小心操作，保证两种浓度蔗糖溶液之间的界面清晰。

3. 如果提取的叶绿体浓度过大，在进行荧光观察时应进行适当的稀释，才能取得理想的效果。

【思考题】

1. 试分析分离得到完整叶绿体的关键是什么。

2. 匀浆介质为什么使用 0.25mol/L 的蔗糖？

实验三十七

植物细胞微丝的荧光观察

【实验目的】

1. 掌握使用鬼笔环肽标记植物细胞微丝的方法。
2. 掌握荧光显微镜的使用方法。

扫码看视频和彩图

【实验原理】

细胞骨架是真核细胞中的蛋白丝网络。细胞骨架不仅起到支撑细胞、固定细胞器的作用，更重要的是参与细胞的运动、胞内组分与环境之间的相互作用等多种生理功能。细胞骨架的组成包括三类蛋白丝：微管（microtubule，MT）、微丝（microfilament，MF）和中间丝（intermediate filament，IF）。微丝由肌动蛋白组成，又称肌动蛋白丝。肌动蛋白单体首先聚合成链，两条肌动蛋白链相互缠绕形成微丝。微丝能被组装和去组装。当肌动蛋白单体同 ATP 结合时，单体趋向于组装成多聚体状态；当 ATP 水解后，肌动蛋白单体之间亲和力就会下降，微丝趋向于解聚为肌动蛋白单体。植物细胞中，微丝在重力感知、信号传递中发挥着重要的作用。

鬼笔环肽（phalloidin）是一种环状七肽，最早从毒蕈类鬼笔鹅膏中分离而来。其可以特异性地同微丝结合，阻止微丝解聚。根据这一特性，使用荧光标记的鬼笔环肽可以特异地显示细胞中的微丝。

【实验用品】

1. 材料

洋葱。

2. 器材

刀片、镊子、玻璃小瓶、吸管、盖玻片、载玻片、荧光显微镜、摇床等。

3. 试剂

（1）PBS（pH7.4）（见实验九）。

（2）透化缓冲液：0.1mol/L 1,4-哌嗪二乙磺酸（PIPES），1mmol/L EGTA，0.5mmol/L $CaCl_2$，1mmol/L $MgCl_2$，50mmol/L KCl。

（3）透化液：含 1% TritonX-100、5% DMSO 的透化缓冲液。

（4）罗丹明-鬼笔环肽染色液：0.1mg 甲基罗丹明-鬼笔环肽溶于 0.5ml 无水甲醇（或 DMSO）中，配制成 200μg/ml 储存液。分装冻存于 −20℃，干燥、避光保存。使用时用 PBS（pH7.4）稀释 20 倍。

（5）其他：4% 多聚甲醛、含 1.5μg/ml 4′,6-二脒基-2-苯基吲哚（DAPI）的防荧光猝灭剂等。

【实验方法】

（1）用刀片在洋葱鳞茎内表皮轻轻划"井"字格，每格的长宽为 5mm 左右。

（2）用镊子轻轻撕下 3～4 块洋葱内表皮，置于玻璃小瓶中，加入少许 PBS 清洗 2～3min。

（3）吸去 PBS，加入 1ml 左右 4% 多聚甲醛固定细胞 20min。

（4）吸去 4% 多聚甲醛，使用 PBS 清洗洋葱内表皮 3～5 次。

（5）加入 1ml 透化液，处理 1h。

（6）弃去透化液，加入少许 PBS，置于摇床 200r/min 洗涤 3～5 次，每次 5min。

（7）加入 1ml 罗丹明-鬼笔环肽染色液，避光处理 20min。

（8）吸去染色液，使用 PBS 清洗数次。

（9）取出洋葱内表皮，置于洁净的载玻片上，展平。

（10）滴加一滴含 DAPI 的防荧光猝灭剂，盖上盖玻片。

（11）置荧光显微镜下观察。

【实验结果】

荧光显微镜下，可观察到细胞核经 DAPI 染色后发出蓝色荧光，微丝经罗丹明-鬼笔环肽染色后发出红色荧光。细胞中较为粗大的微丝分布较为稀疏，沿洋葱内表皮细胞纵向排列，可见"Y"状分叉，较为纤细的微丝分布较为密集，排列无固定方向，相互交叉形成网状（图 37-1）。

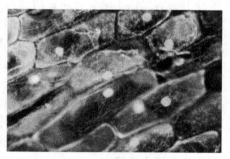

图 37-1　洋葱内表皮细胞微丝的荧光标记（20×）

【注意事项】

1. 实验材料要新鲜，使用靠近洋葱中轴的内表皮细胞。

2. Triton X-100 透化细胞时间过短和过长都会对实验结果造成不良影响。

【思考题】

1. 洋葱内表皮细胞中微丝的分布特点是什么？

2. 是否可以其他试剂（如戊二醛、甲醇）作为固定剂？效果会有什么不同？

实验三十八

药物对动物细胞中内质网分布的影响

【实验目的】

1. 了解细胞中内质网的分布特点。
2. 了解内质网应激引起的细胞中内质网分布的改变。

扫码看彩图

【实验原理】

内质网（endoplasmic reticulum，ER）是真核生物中一种非常重要的细胞器，由 KR Porter 等于 1945 年发现。内质网由连续生物膜及被生物膜包裹的腔组成，形状为管状或扁平囊状。内质网占细胞膜系统的一半以上。不同类型的细胞及同一细胞的不同发育阶段和生理状态下，内质网的数量、类型和形态差异很大。

内质网是细胞内蛋白质、脂类和糖类合成的场所。内质网宽大的膜表面积为多种生物酶提供了结合位点；内质网封闭的体系可以将新合成的物质同细胞基质隔离，有利于它们的加工和运输。根据表面是否附有核糖体可以将内质网分为糙面内质网和光面内质网。糙面内质网的主要功能是合成分泌性蛋白和多种膜蛋白。光面内质网并不是单独存在，而是整个内质网连续结构中的一部分，其主要功能是合成脂类。

钙网蛋白是一种钙离子结合蛋白，参与多种细胞生理活动的调节。钙网蛋白广泛分布在内质网膜上，是在内质网研究中常用的一种标记蛋白。利用间接免疫荧光技术对内质网上的钙网蛋白进行荧光标记，可以通过荧光显微镜观察内质网在细胞内的分布及大致形态。

内质网应激是由某种原因引起的内质网生理功能发生紊乱的现象。钙离子内稳态紊乱、错误折叠蛋白的堆积等原因都会引起内质网应激。

【实验用品】

1. 材料

人宫颈癌 HeLa 细胞系。

2. 器材

超净工作台、盖玻片、封口膜、培养皿、CO_2 培养箱、荧光显微镜、倒置显微镜、干式恒温器、移液器等。

3. 试剂

（1）DMEM 完全细胞培养基（见实验二十六）。

（2）小鼠抗人钙网蛋白的单克隆抗体（一抗）。

（3）异硫氰酸荧光素（FITC）标记的山羊抗小鼠单克隆抗体（二抗）。

（4）鱼藤酮。

（5）其他：PBS（pH7.4）（见实验九）、2% 牛血清白蛋白（BSA）［PBS（pH7.4）配制］、4% 多聚甲醛、0.1%Triton X-100、防荧光猝灭剂（含 1.5μg/ml DAPI）。

【实验方法】

（1）选择合适浓度的 HeLa 细胞接种于无菌的盖玻片上，放入 CO_2 培养箱培养过夜。

（2）在倒置显微镜下观察细胞状态，选择生长状态良好的细胞，加入终浓度为 10μmol/L 的鱼藤酮处理细胞 24h。另取一组细胞加入 PBS 处理 24h，作为对照。

（3）吸去培养基，加入 37℃ 预热的 PBS 洗涤 3 次，每次 5min。

（4）加入 4% 多聚甲醛室温固定 20min。

（5）吸去多聚甲醛，加入 0.1% Triton X-100 处理 5min。

（6）PBS 洗涤细胞爬片 3 次，每次 5min。

（7）吸去 PBS，滴加 50μl 2%BSA，室温封闭 15min。

（8）吸去封闭液，滴加 20μl 1：200 稀释的小鼠抗人钙网蛋白的单克隆抗体，盖上一块比细胞爬片略小的封口膜和培养皿盖，置干式恒温器上 37℃ 孵育 20min。

（9）用 PBS 洗涤 3 次，每次 5min。

（10）滴加 20μl 1：500 稀释的 FITC 标记的山羊抗小鼠荧光二抗，盖上封口膜和培养皿盖，置干式恒温器上 37℃ 孵育 20min。

（11）PBS 洗涤 3 次，每次 5min。用蒸馏水洗涤片刻，将盖玻片风干。

（12）在干净载玻片上滴加 3μl 防荧光猝灭剂（含 1.5μg/ml DAPI），将长有细胞的盖玻片从培养皿中取出，反扣于防荧光猝灭剂上。

（13）使用荧光显微镜观察。

【实验结果】

通过荧光显微镜可观察到，在正常培养的细胞中内质网均匀分散在细胞质中，部分区域可见网状结构（图 38-1A）。加入鱼藤酮处理后，细胞中内质网分布的范围明显缩小，集中于细胞核一侧，仅可见点状分布（图 38-1B）。

【注意事项】

1. 药物处理的浓度要合适。

2. 固定之前，清洗细胞的 PBS 需要 37℃ 预热。

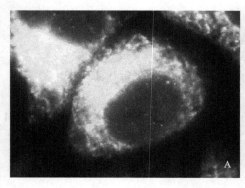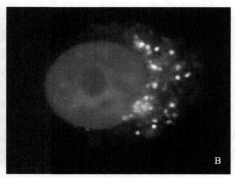

图 38-1　HeLa 细胞中内质网的分布（100×）

A. 对照；B. 鱼藤酮处理

3. 荧光显微镜下观察时间不要太长，避免荧光发生猝灭。

【思考题】

1. 如果荧光强度偏弱，可采用哪些方法来提高荧光的强度？

2. 除了鱼藤酮，还有哪些药物会引起内质网应激？

实验三十九

动物细胞骨架微管蛋白的免疫荧光观察

【实验目的】

1. 学习间接免疫荧光显微技术的原理和方法。
2. 观察微管在培养细胞中的分布方式。

扫码看视频和彩图

【实验原理】

细胞骨架（cytoskeleton）是广泛存在于真核细胞中的蛋白质纤维网架系统。以往的研究由于固定方法的限制，致使细胞骨架大多数被破坏。直到1963年，使用戊二醛常温固定方法后，细胞骨架成分得以保存，人们才观察到在细胞中还存在一个三维网络系统。这是由一系列特异结构蛋白装配而成的纤维网架系统，除对细胞形态与内部结构的合理排布起支架作用外，还与细胞物质的运输、细胞器的移位、细胞的运动、细胞信息的传递、基因表达、蛋白质合成以及细胞分裂与分化等重要生命活动有关。

微管是存在于真核细胞中的由微管蛋白组装成的长管状细胞器，由 Slautlerback 和 Porter 于1963年首次在动物和植物细胞中发现并命名。由于微管在保持细胞特定形态、参与细胞运动方面起着重要的作用，因此被看作是细胞的骨架系统。细胞内微管呈网状或束状分布，是一种动态结构，能很快地组装和去组装，以维持细胞的形态、细胞器的运动和分布，为细胞运输提供轨道并对运输方向起指导作用。微管还参与细胞内运动元件的组装（中心粒、基体、鞭毛、纤毛等），参与细胞的有丝分裂、减数分裂和膜泡运输等过程。此外，微管还在细胞内信息传递过程中发挥重要作用。

目前发现很多因素影响着微管的组装和解聚，如 GTP 和微管蛋白的浓度、pH、Ca^{2+}浓度、温度和某些药物等。在微管的结构和功能研究中，紫杉醇、秋水仙素、长春花碱等都是常见的影响微管蛋白组装和去组装的药物，在微管蛋白异二聚体上有秋水仙素和长春花碱结合部位，它们与微管蛋白异二聚体结合之后，能改变异二聚体亚单位的结构，从而阻止了微管的聚合，抑制了中期纺锤丝的形成，使细胞不能进入分裂后期而获得大量中期染色体。紫杉醇可促进微管的组装，并对已形成的微管起稳定作用。实验表明，紫杉醇只结合到聚合的微管上，不与未聚合的微管蛋白异二聚体反应，使微管在细胞内大量积累，干扰了细胞正常功能，将细胞停止于有丝分裂期，影响细胞的正常分裂。

细胞中的微管蛋白以网络状分布于细胞质中，大多数细胞均呈高表达。采用人的微管蛋白单克隆抗体结合该抗原，再使用 FITC 标记的山羊抗小鼠二抗与一抗结合，最终细胞中的绿色荧光显示了目的抗原的存在。

【实验用品】

1. 材料

人脐静脉血管内皮细胞系（Huvec）。

2. 器材

超净工作台、CO_2 培养箱、倒置显微镜、荧光显微镜、移液器、载玻片、盖玻片、3.5cm 细胞培养皿、干式恒温器、封口膜、镊子、酒精灯等。

3. 试剂

（1）1640 完全细胞培养基（见实验二十七）。

（2）PBS（pH7.4）（见实验九）。

（3）甲醇：使用前置于 −20℃ 预冷。

（4）2% BSA：称取 0.2g BSA 溶于 10ml PBS（pH7.4）中。

（5）小鼠抗人微管蛋白 α-tubulin 的单克隆抗体（一抗）：使用前加 2% BSA 按 1：200 稀释。

（6）FITC-山羊抗小鼠抗体（二抗）：使用前加 2% BSA 按 1：500 稀释。

（7）防荧光猝灭剂（含 $1.5\mu g/ml$ DAPI）。

【实验方法】

（1）在 3.5cm 细胞培养皿中放入干净无菌的盖玻片，将 Huvec 细胞培养于小盖玻片上。

（2）细胞融汇度达到 70% 左右时吸去培养皿中的培养基，用 37℃ 预热的 PBS 洗涤 3 次。

（3）吸弃 PBS，加入冷甲醇，室温固定 20min。

（4）吸弃冷甲醇，用 PBS 洗 3 次。

（5）加入 20μl 2%BSA 封闭液，室温封闭 30min。

（6）吸去封闭液，滴加 20μl 稀释好的一抗，盖上封口膜，在干式恒温器中 37℃ 孵育 30min。

（7）小心揭去封口膜，用 PBS 洗涤 3 次。

（8）用吸水纸小心吸去片子上的液体，滴加 20μl 稀释好的二抗，盖上封口膜，在干式恒温器中 37℃ 避光孵育 30min。

（9）小心揭去封口膜，用 PBS 洗涤 3 次，取出细胞爬片，在蒸馏水中漂洗片刻，用滤纸条吸去残留的液体。

（10）在干净的载玻片上滴加约 5μl 防荧光猝灭剂（含 1.5μg/ml DAPI），将细胞爬片反扣在载玻片上。

（11）荧光显微镜镜检。

【实验结果】

在荧光显微镜下，实验组 Huvec 细胞的细胞核经 DAPI 染色后，发出蓝色荧光。细胞质中绿色荧光所在的区域即为微管蛋白的存在部位，在高倍镜下可以观察到微管呈丝网状分布（图 39-1）。对照组只能观察到细胞核的蓝色荧光，无绿色荧光。

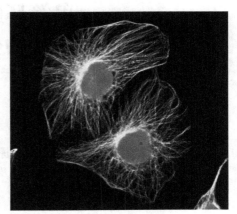

图 39-1 Huvec 细胞中的微管（40×）

【注意事项】

1. 实验过程中，需注意区分细胞爬片的正反面，可事先做好标记。

2. 实验中每步洗涤要充分，并用吸水纸吸去多余水分，要始终保持样品湿润，在没有干透时进行下一步。干燥会导致分子间结构的变化，造成非特异性结合反应。

3. 一抗、二抗孵育后，盖玻片或封口膜一定要轻轻冲起，避免破坏细胞的结构。

4. 二抗孵育后的操作，最好在避光条件下进行，以免荧光猝灭。

5. 标本染色后应立即观察，以免荧光强度减弱影响观察效果，若不观察时最好放在 4℃冰箱中贮存。

【思考题】

1. 为什么采用 4% 多聚甲醛固定能够清楚观察到微管骨架结构？

2. 0.2% Triton X-100 处理细胞的作用是什么？

实验四十

鬼笔环肽标记法观察动物细胞微丝的分布

【实验目的】

1. 掌握微丝直接荧光标记定位的原理和方法。
2. 观察微丝在培养细胞中的形态及分布。

扫码看彩图

【实验原理】

　　细胞骨架是广泛存在于真核细胞中的蛋白纤维网架系统，主要由微丝、微管及中间丝组成。其中，微丝是由肌动蛋白组成的骨架纤维，直径约为 7nm，可成束或散在分布于细胞质中。

　　一些药物可以影响肌动蛋白的组装和去组装，从而影响细胞内微丝网络的结构。细胞松弛素（cytochalasin）是一种真菌代谢产物，与微丝结合后可将微丝切断，并结合在微丝末端阻止肌动蛋白的组装，但其对微丝的解聚没有显著影响。与之相反，鬼笔环肽（phalloidin）是一种从毒性菇类中分离出的剧毒生物碱，为环状七肽。其与聚合的微丝具有强亲和力，可抑制微丝的解聚，使微丝保持稳定状态。因此，用荧光标记物标记的鬼笔环肽染色在荧光显微镜下可以清晰地显示细胞内微丝的分布。

【实验用品】

1. 材料

人宫颈癌 HeLa 细胞系。

2. 器材

CO_2 培养箱、超净工作台、倒置显微镜、荧光显微镜、移液器、细胞培养瓶、载玻片、盖玻片、细胞培养皿、湿盒、封口膜、镊子、酒精灯等。

3. 试剂

（1）PBS（pH7.4）（见实验九）。

（2）罗丹明-鬼笔环肽染色液（见实验三十七）。

（3）4% 多聚甲醛。

（4）0.1% Triton X-100：取 TritonX-100 10μl 使用 PBS（pH7.4）稀释至 10ml。

（5）防荧光猝灭剂（含 1.5μg/ml DAPI）。

（6）DMEM 完全细胞培养基（见实验二十六）。

【实验方法】

（1）在细胞培养皿中放入无菌的盖玻片，将细胞加到培养皿中，补加 DMEM 完全细胞培养基。

（2）当细胞生长密度达到 70%～80% 时弃去培养基，用 PBS 清洗 2 次，每次 10min，勿振荡。

（3）吸弃 PBS，用 4% 多聚甲醛室温固定 5～10min，随后用 PBS 清洗 3 次，每次 10min。

（4）0.1%Triton X-100 室温处理 3～5min，PBS 清洗 3 次，每次 10min。

（5）滴 5μl 罗丹明-鬼笔环肽染色液工作液（5μg/ml）到细胞爬片上，封上封口膜，于室温放密闭湿盒中染色 30～60min。

（6）PBS 洗涤 3 次，每次 5min。

（7）在干净的载玻片上加 5μl 防荧光猝灭剂（含 1.5μg/ml DAPI），将细胞爬片反扣在载玻片上。

（8）荧光显微镜下观察。

【实验结果】

荧光显微镜下 HeLa 细胞的细胞质中红色荧光所在的区域即肌动蛋白的存在部位，在油镜下可以观察到肌动蛋白呈红色丝网状分布于细胞质中（图 40-1）。

【注意事项】

1. 选择对数生长期的细胞，细胞要生长状态良好。

2. 制片过程中应注意细胞的密度，尽量选取比较铺展的细胞。

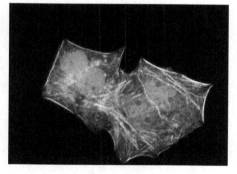

图 40-1　HeLa 细胞中的微丝（100×）

3. 加入各种试剂时不要冲击到细胞，勿使细胞脱落及破坏细胞的结构。

4. 每步洗涤要充分，并吸去水分（但也不要干透），以免稀释下一步的试剂。

5. 固定时温度不要太高，以保持骨架成分的稳定。

6. 鬼笔环肽分子质量较小，比较容易通过细胞，因此实验中也可不用 Triton X-100 处理。

7. 罗丹明-鬼笔环肽标记微丝，染色时间不宜太长，否则将造成背景发红。

8. 在加入荧光标记物后要注意避光，以免造成荧光猝灭。另外，在荧光显微镜下观察时，注意快速以免荧光猝灭影响观察效果。

【思考题】

1. 细胞不同分裂时期，微丝的分布状态有何不同？
2. 分析、总结直接荧光标记法显微观察的优缺点。

动物、植物染色体银染技术

【实验目的】

1. 了解银染显示核仁组织区的原理和方法。
2. 加深理解核仁组织区的特性及其与核仁形成和核糖体产生的关系。

【实验原理】

核仁形成于有丝分裂末期，与核仁组织区（nucleolus organizer region，NOR）密切相关。核仁组织区是某些染色体上的特定节段，为染色体的明显结构之一，在人类中期细胞为 5 对近端着丝粒染色体（13 号、14 号、15 号、21 号、22 号染色体）短臂的次缢痕区。银染的方法可以特异性地将核仁组织区染成棕黑色，这种银染阳性的核仁组织区称为 Ag-NOR。用 DNA-RNA 原位杂交技术证明，Ag-NOR 即编码 18S rRNA 和 28S rRNA 基因的分布区，当用银染时，具有转录活性 rRNA 基因部分结合丰富的酸性蛋白质或已转录的 rRNA 基因上面有残余的酸性蛋白质，可被银染着色，因为它们具有巯基和二硫键，容易将 Ag^+ 还原成 Ag 的颗粒。因此，计数 Ag-NOR 的频率，以分析功能上有活性的 rRNA 基因的动态变化，是目前探讨基因功能的方法之一。

【实验用品】

1. 材料

人染色体标本、植物染色体标本。

2. 器材

普通光学显微镜、恒温培养箱、注射器、培养皿、载玻片、盖玻片等。

3. 试剂

（1）50% 硝酸银：5g 硝酸银溶于 10ml 去离子水。

（2）80% 硝酸银：8g 硝酸银溶于 10ml 去离子水。

（3）氨银（As）溶液（pH12～13）：硝酸银 4g 溶于浓氨水 5ml，再加入去离子水 5ml。

（4）3% 福尔马林（显影液）：福尔马林 3ml＋去离子水 97ml，混合后用乙酸钠调 pH 为 7.0，再以甲酸调 pH 至 5～6。

（5）0.2% 甲酸（pH2.6～2.7）：甲酸 0.2ml＋去离子水 99.8ml，用 2%NaOH 调

pH 至 2.6～2.7。

（6）10×Giemsa 染色液（见实验十六）。

（7）PBS（pH7.2）：称取 NaCl 8g、KCl 0.2g、Na$_2$HPO$_4$ 1.15g、KH$_2$PO$_4$ 0.2g，溶于蒸馏水中，调 pH 为 7.2，用蒸馏水定容至 1000ml。

（8）Giemsa 染色液（pH7.2）：由 PBS（pH7.2）将 10×Giemsa 染色液稀释 10 倍。

【实验方法】

一、人类染色体的银氨法（Ag-As）

（1）选择空气干燥保存 1～7d 的染色体标本。

（2）在玻片上加 5～7 滴 50% 硝酸银溶液，覆上盖玻片。

（3）置恒温培养箱中 50～60℃处理 15min。

（4）蒸馏水漂洗，去盖玻片，晾干。

（5）同时加等量的氨银溶液和显影液各 2～4 滴。

（6）加上盖玻片，在显微镜下观察染色情况，至染色体被染成金黄色，NOR 被染成棕黑色时为宜，此时应立刻用蒸馏水冲洗玻片终止反应。

（7）镜检观察。

二、人类染色体硝酸银染色法 I（Ag-I）

（1）在染色体制片上滴加 5～7 滴 50% 硝酸银溶液，盖上盖玻片，置于潮湿的培养皿中。

（2）在恒温培养箱中 37℃放置 18～24h，再调温至 50℃处理 2～5h。

（3）蒸馏水洗，去盖玻片。

（4）镜检观察。

三、人类染色体硝酸银染色法 II（Ag-II）

（1）将 50% 硝酸银溶液与 0.2% 甲酸溶液按 7∶1 比例充分混合，立即取混合液滴于制片上，盖上盖玻片。

（2）在恒温培养箱中 60℃条件下处理 20s 至 5min 或更长。

（3）待制片呈浅黄色时取出，用去离子水冲洗，空气干燥。

（4）用 Giemsa 染色液（pH7.2）染色 1～3min，自来水冲洗，空气干燥，镜检。

四、植物染色体的银染方法

（1）在培养皿内铺潮湿的滤纸，然后将植物染色体标本放入培养皿中，材料面向上。

（2）滴加 4～5 滴 80% 硝酸银溶液，盖上盖玻片，使银液均匀分散，在恒温培养箱中60℃保温15～25h。染色期间注意观察，待玻片上的材料变黄，即可停止染色。

（3）去离子水充分冲洗，自然干燥。

（4）镜检。

【实验结果】

在显微镜下观察，可见间期核和中期的染色体被染成黄色，而核仁被染成黑色，某些染色体上有银染棕黑色点，即核仁组织区，观察 Ag-NOR 的数目、形态和分布位置，凡是有银染点的染色体，都计为已被银染的染色体。

【注意事项】

1. 银染结束后的冲洗步骤，时间不要太长，次数不能过多。

2. 冲洗用水的纯度要高，避免产生较深的背景。

【思考题】

1. 银染显示的信号与 28S rDNA 原位杂交定位的信号有何不同？为什么？

2. 简述次缢痕与 NOR 的关系。所有次缢痕都是 NOR 吗？

实验四十二

超前凝集染色体标本的制备与观察

【实验目的】

1. 了解诱导染色体超前凝集的基本原理。

2. 掌握利用细胞融合诱导超前凝集染色体的基本方法，以及间期 3 种时相细胞的超前凝集染色体的特点。

【实验原理】

在细胞周期中，染色质状态会发生周期性的变化，G_1 期向 S 期发展时，染色质逐渐去凝集，S 期向 G_2 期过渡时又逐渐凝集，到 M 期的中期凝集达到最大程度成为染色体。那么为什么染色质在间期相对疏松，到了分裂期明显凝缩呢？可能的原因是分裂期的细胞中有可使染色质凝缩的物质。20 世纪 70 年代初，研究者运用灭活的仙台病毒作为诱导剂，诱导 M 期 HeLa 细胞与间期细胞融合，发现本该处于松散状态的间期染色质发生凝缩，将其称为早熟染色体凝集（prematurely condensed chromosome，PCC），又称染色体超前凝集。同时发现 M 期细胞内有某种诱导染色体凝集的因子即细胞促分裂因子，这种染色体的凝集因子无种属间的特异性，所以在细胞融合和染色体技术的基础上建立了制备染色体超前凝集标本的方法，即让 M 期细胞与间期细胞发生融合产生形态各异的染色体凝集。不同时期的间期细胞与 M 期细胞融合，产生的染色体超前凝集（PCC）的形态各不相同：G_1 期 PCC 为细单线状；S 期 PCC 为粉末状；G_2 期 PCC 为双线状。由于病毒制备比较麻烦，近年来发展了聚乙二醇 1000 代替病毒进行诱导，也可获得良好的效果。这项技术已应用于细胞周期分析，正常细胞和肿瘤细胞染色体的微细结构研究，多种因素作用细胞使染色体损伤及修复效应的研究，预测某种血液病的病程、愈后及复发的临床实践等方面。

【实验用品】

1. 材料

人宫颈癌 HeLa 细胞系。

2. 器材

显微镜、离心机、水浴锅、刻度离心管、注射器、载玻片、酒精灯、吸水纸、染色缸等。

3. 试剂

（1）DMEM 完全细胞培养基（见实验二十六）。

（2）Giemsa 染色液（pH7.2）（见实验四十一）。

（3）Carnoy 固定液（见实验九）。

（4）Hank's 液：称取 KH_2PO_4 0.06g、$NaHCO_3$ 0.35g、KCl 0.4g、葡萄糖 1g、$Na_2HPO_4 \cdot 12H_2O$ 0.152g，充分溶解，加水至 1000ml，高压灭菌，4℃储存，临用前调整 pH 至 7.4。

（5）50% 聚乙二醇 1000（PEG1000）：取 PEG1000 0.5g 在酒精灯上加热使之熔化后加入 Hank's 液 0.5ml，混匀，37℃水浴中待用。

（6）其他：0.01% 秋水仙素（0.9% NaCl 溶液配制）、0.075mol/L KCl、20mmol/L $MgCl_2$、0.25% 胰蛋白酶。

【实验方法】

1. M 期细胞获得

用 DMEM 完全细胞培养基培养 HeLa 细胞。当细胞处于对数生长期时，在倒置显微镜下检查细胞生长状态，若有漂浮的死细胞，应更换培养液。向培养液内加入秋水仙素（终浓度为 0.05μg/ml），继续培养 12h，使大量生长的细胞被阻断在 M 期成为球形。然后以平行于细胞生长面方向反复振摇，使培养液不断冲刷细胞层，也可用手侧面轻弹瓶壁，M 期细胞因变成球形脱离瓶壁而悬浮在培养液中。将含有 M 期细胞的培养液移入离心管中，1000r/min 离心 5min，弃上清后加入 5ml Hank's 液，用吸管吹打混匀成细胞悬液。计数，并计算分裂指数，分裂指数达 95% 以上即可用于细胞融合。

2. 间期细胞的获得

取生长良好的 HeLa 细胞，将培养液用吸管吸掉，加入 1～2ml 0.25% 胰蛋白酶消化 5min，弃去胰蛋白酶消化液，然后加入 5ml Hank's 液，用吸管吹打成单个悬浮细胞，计数备用。

3. 细胞融合

（1）将上述 M 期 HeLa 细胞和正常生长的 HeLa 细胞约 1∶1 加入一个刻度离心管中充分混匀，1000r/min 离心 5min，去掉上清，再小心地吸尽残液。

（2）轻轻将细胞弹散，在 37℃水浴条件下取 0.5ml 50% PEG1000 溶液，缓慢加入离心管内，并不断地轻轻摇动，整个过程 90s，然后迅速加入 5ml Hank's 液以终止 PEG1000 作用，在 37℃水浴中静置 5min。

（3）1000r/min 离心 5min，弃去上清液，加入 2ml DMEM 完全细胞培养基，同时加入 0.01% 秋水仙素一滴（20μl）、20mmol/L $MgCl_2$ 一滴，然后轻轻吹打成悬液，37℃水浴中孵育 45min。

4. PCC 标本制备

（1）取上述孵育的标本，1000r/min 离心 5min，弃去上清液。

（2）加入 0.075mol/L KCl 低渗液 5～10ml，重悬细胞，在 37℃处理 15min 左右。

（3）1000r/min 离心 8min，去掉上清液。

（4）加入 Carnoy 固定液 5ml，混匀后固定 30min。1000r/min 离心 5min，弃去上清液。

（5）加入 0.2ml 新鲜配制的 Carnoy 固定液，用吸管轻轻吹打成悬液。

（6）将 2 滴细胞悬液滴于预冷的载玻片上，酒精灯微微加热烤干。

（7）用 Giemsa 染色液（pH7.2）染色 15min，自来水冲洗，自然风干后镜检。

【实验结果】

显微镜下，可以很容易地找到 M 期细胞与 G_1 期、S 期、G_2 期细胞融合而诱导产生的 PCC 图像。染色体形态如下：G_1 期，PCC 为单线染色体，细长，着色比较浅，呈蓬松的线团状；S 期，PCC 由于染色体解旋，DNA 以多点进行复制，复制后的部分着色较深，以双线染色体片段形式存在，故呈粉碎颗粒状结构；G_2 期，PCC 因 DNA 复制完毕，可见凝集的双线染色体并列在一起，但较 M 期染色体细长（图 42-1）。

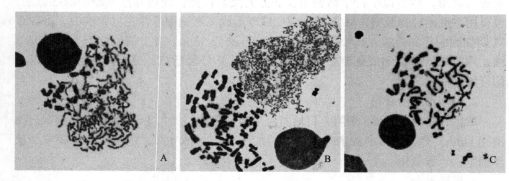

图 42-1　各个时期的细胞同 M 期细胞融合后的 PCC 现象（100×）
A. G_1 期；B. S 期；C. G_2 期

【注意事项】

1. 细胞的生长状态对融合的成功率影响较大，需要保证细胞处于良好的生长状态。

2. 细胞融合过程对温度和 pH 较为敏感，实验时应将温度控制在 37～39℃，pH 控制在 7.0～7.2。

【思考题】

1. 观察 PCC 图像对理解细胞周期和 DNA 复制有什么启示？
2. 细胞周期中染色质结构的周期性变化有什么意义？

5-溴脱氧尿嘧啶核苷渗入法测定细胞周期

【实验目的】

1. 了解细胞周期的概念。
2. 掌握测定细胞周期的原理和方法。

【实验原理】

细胞周期是指从一次细胞分裂结束开始，经过物质积累过程，直到下一次细胞分裂结束为止，一个细胞周期即一个细胞的整个生命过程。一个细胞周期所经历的时间反映了细胞增殖的速度。有关细胞周期测定的方法很多，如同位素标记法、流式细胞分选测定法、应用缩时摄像技术测定等。

本实验是利用 5-溴脱氧尿嘧啶核苷（Brdu）渗入法测定细胞周期，当 Brdu 加入培养基中后，可作为细胞 DNA 复制的原料，参与新生 DNA 的合成。如果染色体的两条 DNA 链中均插入了 Brdu，则该染色体经 Giemsa 染色后表现为浅染。经过一个细胞周期后，中期染色体的两条染色单体的 DNA 双链均为有一条掺入了 Brdu，另一条没有掺入，染色体的两条染色单体都表现为深染。经过了两个细胞周期后，所有染色体的两条染色单体都是一条为深染，另一条为浅染（图 43-1），以此类推，经历 3 个细胞周期后，两条染色单体均浅染的染色体和一条深染、一条浅染的染色体的比例为 1：1。经过 4 个细胞周期后，这一比例为 3：1。

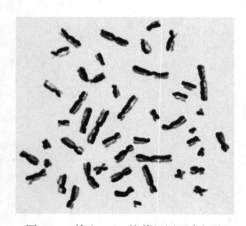

图 43-1　掺入 Brdu 培养经历两个细胞周期后的分裂象（100×）

【实验用品】

1. 材料

小鼠成纤维细胞系 293T。

2. 器材

超净工作台、CO_2 培养箱、普通显微镜、倒置显微镜、水浴锅、离心机、解剖剪、镊子、培养皿、培养瓶、24 孔培养板、离心管、移液器、吸管、血球计数板、橡皮吸头、试剂瓶、酒精灯、试管架、棉球、口罩、帽子等。

3. 试剂

（1）1.0mg/ml 5-溴脱氧腺核苷（Brdu）：10mg Brdu 加 10ml 双蒸水，4℃避光保存。

（2）10μg/ml 秋水仙素。

（3）1640 完全细胞培养基（见实验二十七）。

（4）20×SSC 溶液：称取 NaCl 175.3g、柠檬酸钠 88.2g 溶于 800ml 蒸馏水中，用 NaOH 调整 pH 至 7.0，定容至 1000ml。

（5）2×SSC 溶液：用蒸馏水将 20×SSC 溶液稀释 10 倍即成。

（6）Giemsa 染色液（pH7.2）（见实验四十一）。

（7）0.075mol/L KCl。

（8）Carnoy 固定液（见实验九）。

（9）0.25% 胰蛋白酶。

【实验方法】

（1）细胞培养至指数生长期时，在超净工作台内向培养液中加 Brdu，使终浓度为 10μg/ml。

（2）置 CO_2 培养箱黑暗培养 44h 后，加秋水仙素至终浓度为 0.1μg/ml，继续培养 4h。

（3）4h 后吸去培养液，加入 0.25% 胰蛋白酶消化细胞，将其收集到离心管中（注意上清中漂浮的细胞也要收集到离心管中）。

（4）1000r/min 离心 5min，弃上清。

（5）加入 37℃预热的 0.075mol/L KCl 溶液低渗处理 15min。

（6）1000r/min 离心 5min，弃上清。

（7）加入新鲜配制的 Carnoy 固定液 5ml，边加边将细胞轻轻悬起，固定 30min。

（8）1000r/min 离心 5min，弃上清，加 5ml 新鲜配制的 Carnoy 固定液，固定 20min。

（9）1000r/min 离心 5min，弃上清，根据沉淀细胞量的多少，加 Carnoy 固定液 0.5～1ml 制成细胞悬液。

（10）吸 1～2 滴细胞悬液，距载玻片约 20cm 的高度滴于预冷的干净载玻片上，迅速对准细胞吹气，促进染色体分散，酒精灯上微微加热，自然干燥。

（11）制好的染色体标本置一个 10cm 的培养皿中，材料面向上，将 2×SSC 溶液滴加到材料上，在材料上覆盖一张擦镜纸，将培养皿置于距紫外灯管 6cm 照射 30～60min，注意要不断添加 2×SSC 溶液防止干涸。

（12）弃去 2×SSC 溶液，流水冲洗，甩干。

（13）Giemsa 染色液（pH7.2）染色 10min，冲洗，自然干燥。

（14）镜检。

【实验结果】

在显微镜下找到 100 个细胞分裂象，观察其经过的细胞周期，并分别计数。代入以下公式，即可计算细胞周期的大致时间。

$$细胞周期的总时间（TC）=48/\left[（M_1+2M_2+3M_3+4M_4）/100\right]（h）$$

式中，M_1 为经历一个细胞周期后的分裂象的个数；M_2、M_3、M_4 以此类推。

【注意事项】

1. Brdu 需要避光保存。

2. Brdu 会对皮肤产生伤害，应避免接触 Brdu 粉末。

【思考题】

1. 请简单绘图表示细胞周期检测的原理。

2. 为什么会出现染色单体都是浅染的染色体?

高频植物根尖细胞有丝分裂同步化诱导

【实验目的】

1. 了解细胞周期同步化方法。
2. 掌握双阻断法诱导高等植物根尖有丝分裂同步化的方法。

【实验原理】

羟基脲（hydroxyurea，HU）是一种 DNA 合成阻断剂，它通过抑制核糖核酸还原酶的活性来阻断 DNA 的合成，对处于 DNA 合成期（S 期）的细胞起作用，而对其他各期细胞不起作用。因此，进行 HU 处理时，首先 S 期细胞的 DNA 合成受阻，而其他各期细胞继续运转，当经 G_1 期进入 S 期开始合成 DNA 时即被阻断，再经适当时间后则大部分细胞集中于前 S 期。去除 HU 后细胞沿细胞周期继续运行，运行至分裂期时用甲基氨草磷（amiprophos-methyl，APM）处理根尖。APM 是一种直接干扰植物微管合成的特异性药物，作用类似于秋水仙素，起到收集中期染色体的作用。利用 HU 和 APM 双阻断法诱导植物根尖细胞有丝分裂同步化，可获得高频率同步化的有丝分裂中期染色体分裂象。所有细胞中，处于有丝分裂中期细胞的比率，称为有丝分裂中期指数。较高的有丝分裂中期指数对研究染色体的结构、染色体原位杂交和染色体显微切割等具有重要的意义。

【实验用品】

1. 材料

小麦（*Triticum aestivum*，$2n=42$）、大麦（*Hordeum vulgare*，$2n=14$）、黑麦（*Secale cereale*，$2n=14$）、蚕豆（*Vicia faba*，$2n=12$）、玉米（*Zea mays*，$2n=20$）等植物种子。

2. 器材

显微镜、培养箱、刀片、镊子、载玻片、盖玻片、培养皿、吸管、竹签等。

3. 试剂

（1）1.25mmol/L 羟基脲（HU）（用蒸馏水配制）。

（2）4μmol/L 甲基氨草磷（APM）（用蒸馏水配制）。

（3）Carnoy 固定液（见实验九）。

（4）1mol/L HCl。

（5）卡宝品红染色液（见实验十三）。

【实验方法】

以小麦为例来介绍植物根尖细胞有丝分裂同步化诱导方法。

（1）种子的萌发：取小麦种子用温水浸泡 2h，培养皿中铺上滤纸并用蒸馏水浸透，将小麦种子摆放到培养皿中置 24℃培养箱中萌发。

（2）HU 处理：待小麦种子根尖萌发到 2mm 左右时，将小麦种子摆放到铺有滤纸的培养皿中，加入 1.25mmol/L HU，浸泡根尖，置 24℃培养箱中处理 18h。

（3）水培处理：取出萌发的小麦种子，用蒸馏水冲洗 3 次，洗净 HU，再转移到浸过蒸馏水的滤纸上培养 4h。

（4）APM 处理：将萌发的小麦种子移至浸过 4μmol/L APM 的滤纸上继续培养 4h。

（5）冰水处理：用蒸馏水冲洗 3 次，洗净 APM，用冰水处理 24h。

（6）染色体标本制备：切下根尖，用 Carnoy 固定液固定 2h，蒸馏水洗净 Carnoy 固定液，用 1mol/L HCl 于 45℃解离根尖 45min，然后蒸馏水充分洗酸并浸泡 10min，将根尖用卡宝品红染色液染色 2h 以上，常规压片镜检。

【实验结果】

显微镜下观察细胞所处的有丝分裂时期（图 44-1），统计有丝分裂中期指数。

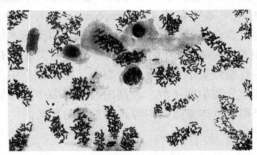

图 44-1　小麦有丝分裂同步化根尖压片（40×）

【注意事项】

1. 不同植物材料的水培处理时间不同。
2. HU 和 APM 处理一定要将根尖浸没在液体中。
3. 染色体标本制备时取材要精准，尽量切取分生区。

【思考题】

1. 细胞周期同步化的方法有哪些？
2. 水培时间对有丝分裂中期指数有何影响？

雄性小鼠减数分裂前期Ⅰ染色体联会形态观察

【实验目的】

1. 掌握小鼠精母细胞染色体铺片方法。
2. 了解减数分裂染色体展片的应用。
3. 掌握减数分裂染色体展片免疫荧光方法。
4. 掌握减数分裂前期Ⅰ染色体联会特点，加深对减数分裂意义的认识。

扫码看彩图

【实验原理】

减数分裂前期Ⅰ是减数分裂最具特点的时期，与有丝分裂不同，该时期同源染色体会发生联会（synapsis）和重组交换，对遗传多样性具有重要意义。同源染色体联会形成联会复合体（synaptonemal complex），它对染色体重组交换和同源染色体在第一次减数分裂中的正确分离具有重要意义。根据染色体形态等特点，可将减数分裂前期Ⅰ分为细线期、偶线期、粗线期、双线期和终变期。从细线期到偶线期，同源染色体逐渐形成联会复合体，而至双线期和终变期，同源染色体相互分离，仅留几处相互联系。联会复合体由同源染色体、侧生组分和中央组分构成（图 45-1），其中侧生组分由蛋白质 SYCP2/3 等组成，连接侧生组分的有 SYCP1 蛋白，因此，可通过对 SYCP1/2/3 等进行免疫荧光标记，研究减数分

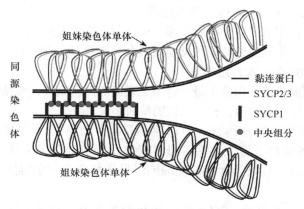

图 45-1　联会复合体结构示意图

裂前期Ⅰ同源染色体联会特点。

本实验将采用小鼠精母细胞染色体铺片方法和免疫荧光方法对减数分裂前期Ⅰ染色体联会进行研究。在减数分裂前期Ⅰ，染色体处于动态变化中，且处于三维空间，若直接对细胞进行染色或者利用组织切片进行染色，会出现信号交叉干扰，对于观察和研究造成一定的局限性，因此需要将该时期染色体铺展开，可清晰观察每个联会复合体，更利于研究。

【实验用品】

1. 材料
成年雄性小鼠。

2. 器材
荧光显微镜、离心机、染色缸、湿盒、封口膜、1.5ml 离心管、剪刀、镊子、一次性培养皿、移液器等。

3. 试剂
（1）抗小鼠 SYCP3 抗体（一抗）。

（2）FITC-山羊抗小鼠抗体（二抗）。

（3）PBS-T：在 PBS 中加入终浓度为 0.1% 的 Trion X-100。

（4）5% BSA 封闭液：称取 0.5g BSA 溶于 10ml PBS-T 中。

（5）其他：PBS、100mmol/L 蔗糖溶液、1% 多聚甲醛、0.4% 去渍剂（Photoflo）、防荧光猝灭剂（含 1.5μg/ml DAPI）、70% 乙醇等。

【实验方法】

1. 减数分裂染色体展片制备
（1）断颈法处死小鼠：取出小鼠后，一只手拉住小鼠的尾巴，一只手按住小鼠颈部，迅速拉小鼠尾巴，可感到小鼠颈部断裂。

（2）用 70% 乙醇对小鼠进行消毒处理。

（3）取睾丸：用剪刀剪开小鼠腹部，小鼠睾丸位于腹部靠近后肢两侧，用镊子拉住小鼠腹腔里的脂肪组织，即可见小鼠睾丸。用剪刀配合镊子将小鼠睾丸分离出来，放入盛有 PBS 的一次性培养皿中。

（4）分离精曲小管：用两个镊子将睾丸表面的白膜除去，可见排列紧密的精曲小管，然后用镊子将其扯散，拉出长段的精曲小管。

（5）解离细胞：取长约 5cm 的精曲小管（可制备 2~4 张展片），放入盛有 200μl PBS 的 1.5ml 离心管中，用剪刀将精曲小管剪碎至无大块组织颗粒。补加 PBS 至 1ml，然后用移液器吹打，使细胞尽量从精曲小管中解离出来。室温静置 1min，取上清。

（6）收集并漂洗细胞：200g 离心 3min 收集细胞。加入 PBS 重悬细胞，200g

离心 3min，弃上清，再加入 PBS 重悬细胞漂洗一次，200g 离心 3min 收集细胞。

（7）铺片：细胞沉淀用 100~200μl 的 100mmol/L 蔗糖溶液重悬，制成细胞悬液。载玻片用 1% 多聚甲醛溶液浸润，甩去表面多余的液体。然后取 40μl 细胞悬液滴至载玻片一角，通过倾斜载玻片将细胞悬液铺展开来，覆盖载玻片的大部分区域。然后平放到湿盒中，放置 3h 以上。

（8）漂洗：3h 后，取出载玻片充分晾干，然后用 0.4%Photoflo 洗 2min，晾干后放入载玻片盒，−20℃保存备用。

2. 免疫荧光

（1）染色体展片漂洗：取出制备的减数分裂染色体展片，放入染色缸中，倒入 PBS-T 洗 10min。

（2）封闭：取 50μl 5% BSA 封闭液滴加至封口膜（修剪成比载玻片稍小）上，取出载玻片，反向贴到封口膜上，让封闭液完全覆盖铺片区域，放入湿盒封闭 1h。

（3）抗体孵育：揭去封口膜，去除封闭液。将抗小鼠 SYCP3 抗体用 5% BSA 封闭液按照 1∶200（实际稀释比例按照抗体说明书进行）稀释后，取 20μl 滴加至封口膜上，然后将载玻片反向吸附封口膜，使抗体覆盖载玻片。放入湿盒中室温孵育 2h 或 4℃孵育过夜。孵育完成后，将载玻片用 PBS-T 漂洗 3 次，每次 10min。然后将 FITC-山羊抗小鼠抗体用 5% BSA 封闭液按照 1∶200（实际稀释比例按照抗体说明书进行）稀释后，取 20μl 按同样方法室温孵育 1~2h。

（4）封片：取 15μl 防荧光猝灭剂（含 1.5μg/ml DAPI）滴加至载玻片上，盖上盖玻片，用指甲油封住边缘，晾干后 4℃保存。

（5）观察与拍照：用荧光显微镜紫外光通道观察细胞核染色，定焦后转到绿色荧光通道进行观察和拍照。

【实验结果】

根据减数分裂前期Ⅰ各阶段染色体联会特点，在荧光显微镜下寻找细线期、偶线期、粗线期、双线期和终变期的细胞（图 45-2）。

【注意事项】

1. 小鼠断颈处死时注意安全。

2. 精曲小管用量适中，切勿贪多，细胞过密会导致染色体不能充分铺展，影响后期观察。

3. 荧光二抗需避光操作。

【思考题】

1. 减数分裂前期Ⅰ有哪些特点？

2. 本实验方法还能对减数分裂前期Ⅰ进行哪些方面的研究？

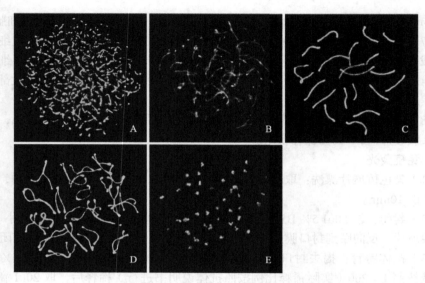

图 45-2　同源染色体联会复合体在各个时期特点（100×）

A. 细线期；B. 偶线期；C. 粗线期；D. 双线期；E. 终变期

端粒序列的荧光原位杂交定位

【实验目的】

1. 了解端粒的结构和功能。
2. 了解动物、植物端粒序列的异同。
3. 掌握荧光原位杂交的方法。

扫码看视频和彩图

【实验原理】

2009 年 10 月 5 日，诺贝尔生理学或医学奖在瑞典卡罗林斯卡医学院揭晓，3位美国科学家伊丽莎白·布莱克波恩（Elizabeth H. Blackburn）、卡罗尔·格雷德（Carol W. Greider）和杰克·绍斯塔克（Jack W. Szostak）共同获得该奖项。他们发现了染色体末端的端粒（telomere）及合成端粒的端粒酶（telomerase），端粒功能异常与衰老和癌症相关。

端粒作为真核染色体不可缺少的一部分，其概念的产生源于 Herman Muller 和 Barbara McClintock 在 20 世纪 30 年代的早期研究。端粒是染色体末端的 DNA 重复序列，作用是保持染色体的完整性。细胞分裂一次，由于 DNA 复制时的方向必须是从 5′ 端到 3′ 端，DNA 每复制一次端粒就缩短一点。一旦端粒消耗殆尽，染色体则易于突变导致动脉硬化和某些癌症。因此，端粒和细胞衰老有明显的关系。

在酵母和人中，端粒序列分别为 $C_{1\sim3}A/TG_{1\sim3}$ 和 TTAGGG/CCCTAA；在高等植物中除了单子叶植物纲的天门冬目（Asparagales），端粒都由串联重复序列 TTTAGGG 组成。有许多蛋白质与端粒 DNA 结合。端粒主要功能有：①保证染色体不被核酸酶降解；②防止染色体相互融合；③为端粒酶提供底物，解决 DNA 复制的末端缩短，保证染色体的完全复制。端粒、着丝粒和复制起始点是染色体保持完整和稳定的三大要素。同时，端粒又是基因调控的特殊位点，常可抑制位于端粒附近基因的转录活性。在大多数真核生物中，端粒的延长是由端粒酶催化的，另外，重组机制也介导端粒的延长。

搞清楚端粒如何保护染色体末端及其与癌症和衰老的关系这些关键问题具有重要的意义。荧光原位杂交技术让我们可以在染色体上看到端粒，对于研究端粒的结构和功能是一项非常有用的技术。

【实验用品】

1. 材料
黑麦根尖、中国仓鼠卵巢细胞 CHO 细胞系。

2. 器材
CO_2 培养箱、离心机、荧光显微镜、干式恒温器、恒温培养箱、水浴锅、染色缸、离心管、移液器、酒精灯、培养瓶、载玻片、盖玻片、玻璃刀等。

3. 试剂
（1）梯度浓度乙醇：70% 乙醇、85% 乙醇、无水乙醇。

（2）Carnoy 固定液（见实验九）。

（3）植物细胞壁消化液（2.5% 果胶酶和 2.5% 纤维素酶混合酶液）：称取果胶酶和纤维素酶各 0.25g，溶于 10ml 蒸馏水中，分装后置 −20℃冰箱保存。

（4）DMEM 完全细胞培养基（见实验二十六）。

（5）20×SSC 溶液（见实验四十三）。

（6）2×SSC 溶液（见实验四十三）。

（7）含 0.2% Tween-20 的 4×SSC 溶液：200ml 20×SSC 溶液，加蒸馏水 800ml，加 2ml Tween-20。

（8）70% 去离子甲酰胺：取去离子甲酰胺 7ml，20×SSC 溶液 1ml，加蒸馏水定容至 10ml。

（9）防荧光猝灭剂（含 1.5μg/ml DAPI）。

（10）Giemsa 染色液（pH7.2）（见实验四十一）。

（11）端粒探针：植物端粒探针用羧基荧光素（FAM）标记，动物端粒探针用四甲基罗丹明（TAMRA）标记。

植物端粒探针：FAM-5′-TTTAGGGTTTAGGGTTTAGGG-3′

动物端粒探针：TAMRA-5′-TTAGGGTTAGGGTTAGGG-3′

（12）饱和对二氯苯溶液：称取对二氯苯 50g，装入 500ml 试剂瓶中，加入自来水 500ml，拧紧瓶盖，置 60℃水浴锅中，待对二氯苯融化，用力摇匀，置室温冷却，瓶底有对二氯苯晶体析出即可使用。用完后再加入自来水重新溶解即可。

（13）其他：0.075mol/L KCl、10μg/ml 秋水仙素、甲醇、冰乙酸、45% 乙酸。

【实验方法】

1. 植物染色体标本制备
（1）待黑麦根尖长至 0.5～1cm，切下根尖。

（2）根尖用饱和对二氯苯溶液室温下预处理 6h。

（3）去掉预处理液，根尖用 Carnoy 固定液固定 20min。

（4）用蒸馏水充分洗去固定液。

（5）用植物细胞壁消化液（2.5%果胶酶和 2.5%纤维素酶混合酶液）于 37℃解离根尖 1h。

（6）蒸馏水洗去酶液，然后用 0.075mol/L KCl 溶液低渗处理 15min。

（7）取根尖于冰冷的载玻片上，滴一滴 Carnoy 固定液，用镊子将根尖充分捣碎，再加 1 滴 Carnoy 固定液，将细胞吹散，空气干燥。

（8）用 1∶30 稀释的 Giemsa 染色液（pH7.2）染色 10min，自来水冲洗，晾干。

（9）镜检并标记分散良好的分裂象。

（10）将载玻片在 45% 乙酸中浸泡 5min 褪色，空气干燥，备用。

2. 动物细胞染色体标本的制备

（1）CHO 细胞分瓶传代。

（2）培养 36h 后，用终浓度为 0.1μg/ml 的秋水仙素处理 3h。

（3）将细胞移入 10ml 离心管，1000r/min 离心 5min，弃上清。

（4）加入 37℃预热的 0.075mol/L KCl 溶液低渗处理 15min。

（5）1000r/min 离心 5min，弃上清。

（6）加入新鲜配制的 Carnoy 固定液 5ml，边加边将细胞轻轻悬起，固定 30min。

（7）1000r/min 离心 5min，弃上清，加 5ml 新鲜配制的 Carnoy 固定液，固定 20min。

（8）1000r/min 离心 5min，弃上清，根据沉淀细胞量的多少，加 Carnoy 固定液 0.5～1ml 制成细胞悬液。

（9）吸 1～2 滴细胞悬液，距载玻片约 20cm 的高度滴于预冷的干净载玻片上，迅速对准细胞吹气，促进染色体分散，酒精灯上微微加热，自然干燥。

（10）用 1∶20 稀释的 Giemsa 染色液（pH7.2）染色 5min。

（11）自来水冲洗，风干后镜检，并标记分裂象位置。

（12）将载玻片在 45% 乙酸中浸泡 5min 褪色，空气干燥，备用。

3. 原位杂交

（1）在标记处加 70% 去离子甲酰胺，盖上盖玻片，于干式恒温器中 70℃变性处理 2min。

（2）去掉盖玻片，−20℃的冰乙醇系列（70%、85%、100%）脱水，每级 3min，空气干燥。

（3）用 2×SSC 溶液稀释探针至 5ng/μl。

（4）每张标本加 10μl 探针，并盖 18mm×18mm 的盖玻片。

（5）于湿盒中 37℃杂交 1h。杂交结束后在 2×SSC 溶液中沾一下，去掉盖玻片。

（6）在含 0.2%Tween-20 的 4×SSC 溶液中室温下避光洗涤 10min。

（7）滴加 5μl 防荧光猝灭剂（含 1.5μg/ml DAPI），盖上盖玻片。

（8）荧光显微镜观察。先用紫外光激发找到分裂象，染色体为蓝色，并用冷

CCD 拍照。

（9）蓝光激发，观察植物染色体端粒的绿色信号；绿光激发，观察动物染色体端粒的红色信号，冷 CCD 拍照。

【实验结果】

将染色体照片和信号照片叠加后，将染色体设为蓝色，动物染色体端粒信号设为红色（植物染色体端粒信号为绿色），叠加后可见染色体为蓝色和动物染色体的两个末端为粉红色（植物端粒为绿色）（图 46-1）。

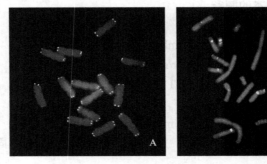

图 46-1　黑麦端粒荧光原位杂交（100×）
A. 黑麦；B. CHO

【注意事项】

1. 滴片时使用的载玻片一定要非常干净。
2. 滴片距离、滴加量要适量才会得到分散效果良好的染色体。
3. 变性的时间和温度是杂交成功的关键。
4. 杂交过程应保持染色体标本的湿润。

【思考题】

1. 研究端粒有何理论和实践意义？
2. 根据你的试验结果，分析在杂交过程中关键步骤是哪一步。为什么？

5S rDNA、45S rDNA 和 SSR 在黑麦中期染色体上的荧光原位杂交

扫码看彩图

【实验目的】

1. 了解 5S rDNA、45S rDNA 和 SSR 的结构和应用。
2. 掌握 5S rDNA、45S rDNA 和 SSR 的荧光原位杂交技术。

【实验原理】

5S rDNA 属于高度串联重复序列，是编码核糖体 5S rRNA 的基因，其重复序列长度为 120bp，序列非常保守。45S rDNA 是串联组成的高度重复单位，位于核仁组织区上。简单序列重复（simple sequence repeats，SSR）又称微卫星序列（microsatellite），由 1～6 个核苷酸的串联重复片段构成。SSR 均匀分布于真核生物基因组中，由于重复单位的重复次数在个体间呈高度变异性并且数量丰富，因此 SSR 作为分子标记应用非常广泛。本实验利用荧光标记的寡核苷酸探针可将这些高度重复序列定位到染色体上。通过荧光原位杂交（fluorescence *in situ* hybridization，FISH）技术将 5S rDNA、45S rDNA 和 SSR 在染色体上进行物理定位，不仅可以为核型分析提供一个稳定有效的、可识别的细胞学标记，而且能够为研究植物种属间的进化关系、多倍体的起源提供重要信息。

【实验用品】

1. 材料

黑麦（*Secale cereale*，2n＝14）种子。

2. 器材

显微镜、荧光显微镜、干式恒温器或烘箱、恒温培养箱、刀片、镊子、载玻片、盖玻片、培养皿、吸管等。

3. 试剂

（1）饱和对二氯苯溶液（见实验四十六）。
（2）Carnoy 固定液（见实验九）。
（3）2.5% 果胶酶和 2.5% 纤维素酶混合酶液（见实验四十六）。
（4）0.075mol/L KCl。

（5）20×SSC 溶液（见实验四十三）。

（6）2×SSC 溶液、4×SSC 溶液：由 20×SSC 溶液经蒸馏水稀释而成。

（7）70% 去离子甲酰胺（见实验四十六）。

（8）含 0.2% Tween-20 的 4×SSC 溶液（见实验四十六）。

（9）防荧光猝灭剂（含 1.5μg/ml DAPI）。

（10）rDNA 和 SSR 探针：合成的探针干粉用蒸馏水配制成 50ng/μl 的溶液。

45S rDNA 探针：FAM-5′-TCGTAACAAGGTTTCCGTAG-3′

5S rDNA 探针：TAMRA-5′-CTGATGGGATCCGGTGCTTT-3′

SSR 探针（CAG）₅：FAM-5′-CAGCAGCAGCAGCAG-3′

SSR 探针（ACG）₅：TAMRA-5′-ACGACGACGACGACG-3′

（11）其他：70% 乙醇、85% 乙醇、无水乙醇、45% 乙酸。

【实验方法】

1. 去壁低渗法制备黑麦染色体标本

参考实验四十六实验方法"1. 植物染色体标本制备"。

2. 原位杂交

（1）在荧光显微镜下找到分裂象，用玻璃刀在载玻片背面标记。

（2）将载玻片放入 45% 乙酸中浸泡 5min，自然干燥。

（3）杂交液配制：取 8μl 2×SSC 溶液，加入 50ng/μl 的 5S rDNA、45S rDNA 探针各 1μl 混匀；取 8μl 2×SSC 溶液，加入 50ng/μl 的不同荧光染料标记的 SSR 探针（CAG）₅ 和（ACG）₅ 各 1μl 混匀。

（4）染色体标本变性：染色体标本上加 30μl 70% 去离子甲酰胺，盖上盖玻片，于干式恒温器中 70℃变性 2min，迅速甩掉盖玻片，置入 70% 乙醇中脱水 3min，再依次用 −20℃预冷的 85% 乙醇和无水乙醇脱水各 3min，空气中干燥。

（5）杂交：每张标本加 10μl rDNA 探针或 SSR 探针，盖上 18mm×18mm 盖玻片，于湿盒中置恒温培养箱 37℃杂交 1h。

（6）洗脱：用 2×SSC 溶液冲掉盖玻片，在含 0.2% Tween-20 的 4×SSC 溶液中于室温避光处理 10min，蒸馏水冲洗片刻，空气干燥（避光）。

（7）荧光观察和显微摄影：滴加 3μl 防荧光猝灭剂（含 1.5μg/ml DAPI），盖上盖玻片，在坐标处用紫外光激发找到蓝色的分裂象，用油镜观察并用冷 CCD 拍照。用蓝光激发观察并拍摄绿色荧光信号，用绿光激发观察并拍摄红色荧光信号。在软件中叠加照片并添加伪彩色。

【实验结果】

在荧光显微镜下可观察到染色体发出的蓝色荧光，探针标记位置发出的红色荧光或绿色荧光（图 47-1、图 47-2）。

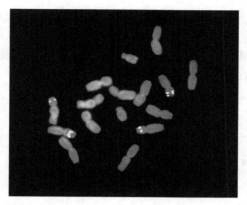

图 47-1　以 45S rDNA 和 5S rDNA 为探针的黑麦 FISH 结果（100×）

红色信号为 45S rDNA，绿色信号为 5S rDNA，小染色体为 B 染色体

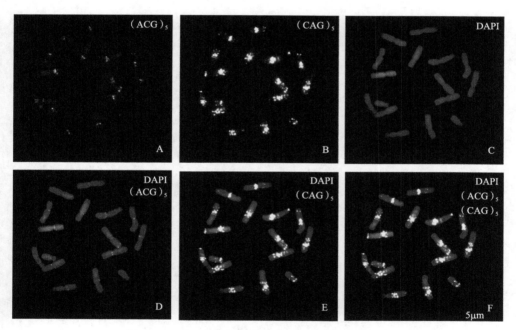

图 47-2　以 SSR 为探针的黑麦 FISH 结果（100×）

A. 红色为（ACG）₅信号；B. 绿色为（CAG）₅信号；C. 黑麦中期染色体，小染色体为 B 染色体；
D. A 与 C 叠加；E. B 与 C 叠加；F. A、B 和 C 叠加

【注意事项】

1. 显微摄影时注意不要移动载物台。
2. 杂交完成后的步骤注意避光，防止荧光猝灭。

【思考题】

1. 查阅相关文献，简述寡核苷酸探针用于 FISH 研究的基本原理。
2. 尝试对杂交后的染色体进行核型分析。

实验四十八

动物细胞有丝分裂过程的荧光观察

【实验目的】

1. 掌握动物细胞有丝分裂时期染色体和纺锤体的主要特征。
2. 了解间接免疫荧光技术的原理与方法。
3. 学习荧光显微镜的使用。

扫码看彩图

【实验原理】

有丝分裂发现于 19 世纪 80 年代，是普遍存在于高等动植物的生长发育过程中的一种细胞分裂方式。

根据有丝分裂过程中核膜、纺锤体、染色体等结构形态的规律性变化，可以将细胞有丝分裂的过程划分为前期、中期、后期和末期 4 个阶段。每个阶段染色体及纺锤体的主要特点如下。

（1）前期：在有丝分裂前期发生的最重要事件就是染色质的凝缩。染色质经过一系列的螺旋化和包装折叠，不断变短变粗，直至成为显微镜下清晰可见的染色体。

（2）中期：有丝分裂中期的最主要事件就是染色体排列在细胞中央，纺锤体呈现典型的纺锤样。

（3）后期：在有丝分裂的后期，两条姐妹染色单体开始分离，在纺锤丝的牵引下向细胞的两极移动。极微管长度增加，两极之间的距离增加。

（4）末期：当染色体到达细胞两极，细胞的有丝分裂进入末期。染色体开始重新解聚，核仁、核膜开始重新组装。

间接免疫荧光技术是一种常用的蛋白质标记技术。其工作原理是利用抗原和抗体可以进行特异性结合的特点，通过带有荧光标记的抗体检测相关抗原在细胞内的分布情况。间接免疫荧光技术中，将待检测蛋白的单克隆抗体称为"一抗"，将一抗的荧光标记抗体称为"二抗"。通常情况下，"一抗"分子可以结合多个"二抗"，可起到信号放大的效果。

在细胞的有丝分裂过程中，最主要参与者是染色体和纺锤体。纺锤体由微管组成，可以利用间接免疫荧光技术对细胞中的微管进行标记来观察细胞有丝分裂过程中纺锤体的变化。染色体也可以由 DNA 染色剂 DAPI 进行标记。

【实验用品】

1. 材料

人脐静脉血管内皮细胞系（Huvec）。

2. 器材

CO_2 培养箱、荧光显微镜、恒温培养箱、盖玻片、游丝镊子、移液器、滤纸等。

3. 试剂

（1）1640 完全细胞培养基（见实验二十七）。

（2）小鼠抗人 tubulin 的单克隆抗体（一抗）。

（3）FITC 标记的山羊抗小鼠荧光二抗。

（4）其他：PBS（pH7.4）（见实验九）、2% BSA、冰甲醇、防荧光猝灭剂（含 1.5μg/ml DAPI）。

【实验方法】

（1）在 3.5cm 培养皿中放入无菌的盖玻片，加入适量细胞和 1640 完全细胞培养基，培养至融合度为 80%。

（2）吸去培养基，加入 37℃预温的 PBS 洗涤 3 次，每次 5min。

（3）吸去 PBS，加入 −20℃预冷的冰甲醇固定 15min。吸去冰甲醇，PBS 洗涤 3 次，每次 5min。

（4）吸去 PBS，用滤纸轻轻吸去盖玻片上的液体，滴加 20μl 2%BSA 封闭液，盖上培养皿盖，室温下封闭 15min。

（5）吸去封闭液，滴加 20μl 1∶200 稀释的小鼠抗人 tubulin 的单克隆抗体（一抗），盖上封口膜和培养皿盖，37℃孵育 20min。

（6）吸去一抗，用 PBS 洗涤 3 次，每次 5min。

（7）用滤纸吸去盖玻片上的液体，滴加 20μl 1∶500 稀释的 FITC 标记的山羊抗小鼠荧光二抗，盖上封口膜和培养皿盖，37℃孵育 20min。

（8）吸去二抗，用 PBS 洗涤 3 次，每次 5min。

（9）孵育结束后，用蒸馏水洗涤片刻，将盖玻片风干。

（10）在干净载玻片上滴加 3μl 防荧光猝灭剂（含 1.5μg/ml DAPI），用游丝镊子将盖玻片从培养皿中取出，反扣于防荧光猝灭剂上。

（11）使用荧光显微镜观察。

【实验结果】

荧光显微镜下，可以观察到细胞分裂过程中各时期细胞核和纺锤体形态结构的变化（图 48-1）。

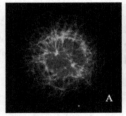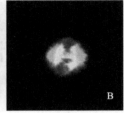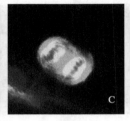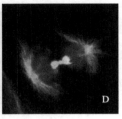

图 48-1　Huvec 细胞有丝分裂过程（40×）
A. 前期；B. 中期；C. 后期；D. 末期

【注意事项】

1. PBS 清洗盖玻片时动作应轻柔，避免将爬片上的细胞冲走。
2. 抗体孵育过程中要保持盖玻片的湿润。

【思考题】

1. 动物细胞有丝分裂各时期染色体和纺锤体有什么特点？
2. 间接免疫荧光实验过程中有哪些注意事项？

实验四十九

小鼠肝组织端粒酶活性检测

【实验目的】

1. 掌握小鼠腹部解剖结构和操作实验技术。
2. 掌握端粒重复序列扩增法的原理和实验方法。
3. 掌握聚丙烯酰胺电泳和银染检测实验技术。

【实验原理】

1994 年，Kim 等发明了基于 PCR 的端粒重复序列扩增法（telomeric repeat amplification protocol，TRAP），它以 PCR 为基础，具有高灵敏度，可以测定体内、体外各种细胞中的端粒酶活性。其基本原理是将待测细胞裂解，以细胞提取物与体外的特异 DNA 引物在合适的条件下作用，如果细胞内有端粒酶活性，则可在此 DNA 引物上延伸出端粒重复序列，再将延伸产物进行 PCR 扩增，扩大产物量，提高灵敏度，通过聚丙烯酰胺凝胶电泳、同位素放射自显影或银染检测扩增片段，以扩增片段的有无和信号强度来反映端粒酶活性的有无和活性水平。

【实验用品】

1. 材料

小鼠肝脏或病理组织块。

2. 器材

高速冷冻离心机、PCR 仪、电泳仪、垂直电泳槽、摇床、染色盘、量筒、移液器、离心管等。

3. 试剂

（1）细胞裂解液。

A 液：10mmol/L Tris-HCl（pH7.5）、1mmol/L $MgCl_2$、1mmol/L EGTA、5mmol/L β-巯基乙醇、0.5% 3-［3-（胆酰胺丙基）二甲氨］丙磺酸内盐（CHAPS）、10% 甘油。

B 液：10mmol/L 苯甲基磺酰氟（PMSF，溶于异丙醇）。

（2）TRAP 反应相关试剂：*Taq* 酶（2U/µl）、10×Buffer、dNTPs。

TS 引物：5'-AATCCGTCGAGCAGAGTT-3'

CX 引物：5'-CCCTTACCCTTACCCTTACCCTAA-3'

将引物分别配成 1µg/µl 贮存液。

（3）聚丙烯酰胺凝胶电泳相关试剂。

聚丙烯酰胺凝胶电泳试剂：12% 聚丙烯酰胺凝胶［丙烯酰胺与甲叉双丙烯酰胺按 19：1 比例溶于 Tris 硼酸（TBE）］、10% 过硫酸铵、N,N,N',N'-四甲基乙二胺（TEMED）。

黏合硅烷溶液：1ml 中含有 950μl 乙醇、5μl 乙酸、5μl 亲和硅烷。

剥离硅烷溶液：2% 硅油（溶于氯仿）。

溴酚蓝、95% 乙醇。

（4）银染相关试剂。

固定 / 停止液：10% 乙酸。

$AgNO_3$ 染色液：250ml 中含有 0.25g $AgNO_3$、400μl 甲醛，蒸馏水配制。

显影液：250ml 中含有 7.5g Na_2CO_3、400μl 甲醛、50μl 10% 硫代硫酸钠，蒸馏水配制。

【实验方法】

1. 取材

断颈处死小鼠，剖腹摘取肝脏或病理组织，组织离体后立即进行细胞裂解。

2. 细胞裂解

取待测样品置于 0.5ml 预冷离心管中，将预冷的裂解液 A 液和 B 液按 99：1 比例混合，每管加 100μl 裂解液，冰浴 30min。12 000r/min 离心 30min（4℃），取上清液，即细胞提取液。

3. TRAP 反应

每 50μl 体系中，加入 10×Buffer 5μl、*Taq* 酶 1μl、dNTPs 50μmol/L、TS 引物 0.1μg、细胞提取液 2μl。首先，23℃ 延伸 10min。然后加入 CX 引物 0.1μg，在 PCR 仪中按以下程序扩增：94℃ 30s；50℃ 30s；72℃ 90s；30 个循环，扩增产物置于 −20℃ 冻存备用。

4. 聚丙烯酰胺凝胶电泳

1）玻璃板的硅化

（1）用热水加洗涤剂清洗长玻璃和短玻璃，并用浸透 95% 乙醇的吸水纸擦洗 5 次，晾干。

（2）配制 1ml 黏合硅烷溶液，用吸水纸浸透 1ml 黏合硅烷溶液，均匀涂满长玻璃，硅化 5min，再用吸水纸浸透 95% 乙醇擦洗 5 次。

（3）用吸水纸浸透剥离硅烷溶液，均匀涂满短玻璃，硅化 30min；经过硅化后，长玻璃能与聚丙烯酰胺凝胶牢固黏合，而短玻璃能与凝胶完全分离，有利于以后的银染操作。

（4）将长短玻璃中间夹上厚 0.3mm 的边条，四周用橡皮膏密封，用夹子夹紧备用。

2）聚丙烯酰胺凝胶的配制聚合　　取 15ml 12% 聚丙烯酰胺凝胶，加入 10% 过硫酸铵 75μl、TEMED 12μl，混匀。将玻璃板倾斜 40°放置，用注射器将凝胶灌入长短玻璃中间的间隙中，注意要连续灌入，避免出现气泡。灌满后将玻璃板水平放置，插入梳子，等待凝胶聚合。

3）电泳　　凝胶聚合 2h 后，撕去玻璃板四周的橡皮膏，小心拔出梳子，将玻璃板装配到垂直电泳槽上，用注射器吹出梳子孔中的凝胶碎片，200V 恒压预电泳 30min。取 TRAP 产物 5μl，与 1μl 溴酚蓝混匀后点入点样孔，200V 恒压电泳 3h。电泳结束后，将长短玻璃小心分开，凝胶黏合在长玻璃上进行银染。

5. 银染检测

（1）将凝胶放入 10% 乙酸中固定约 45min，至溴酚蓝颜色褪尽。

（2）将凝胶用双蒸水漂洗 3 次，每次 2min。

（3）将凝胶转至 $AgNO_3$ 染色液中染色 30min。

注意：以上各步需在摇床上进行。

（4）染色后将凝胶用双蒸水漂洗 6～8s。

（5）将凝胶转至预冷的显影液中显色，用手轻轻摇动，至显出清晰的 DNA 条带。

（6）加入等体积的 10% 乙酸停影。

（7）凝胶用双蒸水漂洗后，自然干燥。

【实验结果】

如果细胞提取液存在端粒酶活性，就可以经 PCR 扩增、电泳分离、银染后在聚丙烯酰胺凝胶上观察到清晰的 DNA 条带。

【注意事项】

1. 端粒酶易降解，裂解细胞时应在冰上快速操作。

2. 细胞提取液要尽快进行 TRAP 反应，避免反复冻融。

【思考题】

1. 在端粒调节过程中端粒酶的作用是什么？

2. 端粒的长度在衰老和癌症时会变得越来越短，这个过程是体细胞内缺少端粒酶所致吗？

实验五十

电穿孔法诱导细胞融合实验

扫码看彩图

【实验目的】

1. 了解细胞融合的概念及主要方法。
2. 掌握电穿孔法诱导细胞融合的原理与操作方法。

【实验原理】

细胞融合是指两个或多个细胞结合形成一个细胞的过程，包括细胞膜融合、细胞质融合、细胞核融合3个阶段。细胞融合技术是一项非常重要的细胞工程技术，广泛应用于细胞遗传研究、细胞免疫、新品种研发等多个领域。

诱导细胞融合的方法有物理类、化学法、生物法三类。电穿孔法是出现于20世纪80年代的一种物理类方法，也称为电穿孔法。电穿孔法通过直流电脉冲的刺激，使细胞膜表面的氧化还原电位发生改变，细胞膜瞬间破裂，相邻细胞的细胞膜之间进行连接，形成一个完整的膜，使细胞发生融合。电穿孔法诱导细胞融合具有融合率高、重复性强、方法简单、过程可控等诸多优点，成为最常用的诱导细胞融合的方法之一。

为了直观地观察细胞融合的过程和结果，可以采用荧光染色的方法对细胞膜进行标记。1-1′-双十八烷基-3,3,3′,3′-四甲基吲哚菁高氯酸盐（1,1′-dioctadecyl-3,3,3′,3′-tetramethylindocarbocyanine perchlorate，DiI）和3,3′-二 -N- 十八烷基氧代羰花菁高氯酸盐（3,3′-dioctadecyloxacarbocyanine perchlorate，DiO）都是常用的细胞膜标记工具，它们是亲脂性分子，进入细胞膜后会通过侧向移动使整个细胞膜被染色。DiI可以发出橙红色荧光，DiO可以发出绿色荧光。在荧光显微镜下可以通过对荧光的观察来检测细胞融合的情况。

【实验用品】

1. 材料

人 T 淋巴 Jurkat 细胞系、人宫颈癌 HeLa 细胞系。

2. 器材

细胞培养瓶、离心机、电融合仪、CO_2 培养箱、荧光显微镜、超净工作台、移液器等。

3. 试剂

（1）DMEM 完全细胞培养基（见实验二十六）。

（2）1640 完全细胞培养基（见实验二十七）。

（3）电转缓冲液：0.3mol/L 甘露醇、0.1mmol/L $MgCl_2$、0.05mmol/L $CaCl_2$。

（4）细胞膜标记染料：5mmol/L DiO 染色液（DMSO 配制）、5mmol/L DiI 染色液（DMSO 配制）。

（5）PBS（pH7.4）（见实验九）。

（6）0.25% 胰蛋白酶。

【实验方法】

（1）将人 T 淋巴 Jurkat 细胞接种到 T25 细胞培养瓶中，加入 5ml 1640 完全细胞培养基，放入 CO_2 培养箱中 5% CO_2、37℃培养 24h。

（2）将人宫颈癌 HeLa 细胞接种到 T25 细胞培养瓶中，加入 5ml DMEM 完全细胞培养基，放入 CO_2 培养箱中 5% CO_2、37℃培养 24h。

（3）将培养好的人 T 淋巴 Jurkat 细胞培养液转入 15ml 离心管，1000r/min 离心 10min，弃上清，加入 1ml PBS（pH7.4）重悬细胞。

（4）将培养好的人宫颈癌 HeLa 细胞培养瓶中的培养液弃干净，加入 1ml 0.25% 胰蛋白酶进行消化，至细胞从瓶底脱落，将液体吸出，1000r/min 离心 10min，弃上清，加入 1ml PBS（pH7.4）重悬细胞。

（5）向人 T 淋巴 Jurkat 细胞悬液中加入 5μl DiI 染色液，向人宫颈癌 HeLa 细胞悬液中加入 5μl DiO 染色液，37℃染色标记 30min。

（6）将染色好的细胞 1000r/min 离心 10min，弃上清，加入 1ml 电转缓冲液重悬细胞。

（7）对重悬的细胞进行计数，用电转缓冲液将细胞浓度稀释到 $1×10^5$ 个 /ml。

（8）取 DiI 标记的人 T 淋巴 Jurkat 细胞 50μl、DiO 标记的人宫颈癌 HeLa 细胞 50μl 充分混合，加入电转化杯中。

（9）使用电融合仪进行细胞融合，电穿孔模式为指数衰减波，电穿孔电压为 70V/mm。

（10）从电转化杯中吸出细胞悬液，转入 3.5mm 细胞培养皿中，加入 1ml 1640 完全细胞培养基，放入 CO_2 培养箱中 5% CO_2、37℃培养 1h。

（11）取出 3.5mm 细胞培养皿，吸出细胞培养液，1000r/min 离心，弃上清，加入 100μl 1640 细胞培养基重悬细胞。

（12）取 10μl 细胞悬液，滴在洁净的载玻片上，盖上盖玻片，置荧光显微镜下进行观察。

【实验结果】

当人 T 淋巴 Jurkat 细胞和人宫颈癌 HeLa 细胞成功融合为一个细胞后，原来细胞膜上的荧光染料 DiI 和 DiO 会通过细胞膜的流动均匀分布到新细胞的细胞膜上。这样的细胞可以同时观察到 DiI 红色荧光和 DiO 的绿色荧光（图 50-1）。

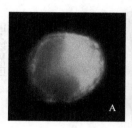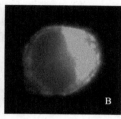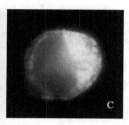

图 50-1　电穿孔法使 Jurkat 细胞和 HeLa 细胞发生融合（100×）
A. 绿色荧光通道；B. 红色荧光通道；C. 合成

【注意事项】

1. 细胞的状态会影响融合率，需要使用生长状态良好的细胞作为实验材料。
2. 电穿孔的条件参数需要根据细胞的种类来进行选择，实验前需要通过预实验优化得到融合率最好的实验条件。

【思考题】

1. 只有同时发出红色和绿色两种荧光的细胞才是融合成功的细胞吗？
2. 电穿孔强度不足或过高，会对实验结果造成什么样的影响？
3. 相较于其他细胞融合方法，电穿孔法有哪些优点和缺点？

实验五十一

脂质体介导的动物细胞转染

【实验目的】

1. 掌握脂质体转染的原理。
2. 掌握脂质体转染的方法。

扫码看彩图

【实验原理】

细胞转染（transfection）是将核酸导入真核细胞并发挥其生物学功能的一种技术。目前，该技术在基因功能研究方面应用广泛，如对基因进行过表达（overexpression）、基因敲减（knock-down）、基因敲除（knock-out）、基因敲入（knock-in）等，从而对基因功能进行解析。转染方法有多种，如磷酸钙共沉淀法、脂质体转染法、病毒转染法、电转法等。理想的转染方法应具有转染效率高和细胞毒性小等优点。

本实验使用阳离子脂质体 Lipofectamine® 2000 进行转染实验，具有操作简单、对仪器依赖性低、转染效率高、细胞毒性小等特点，目前在实验室中应用广泛。阳离子脂质体表面带有正电荷，可形成类似于细胞膜的脂双分子层，与带负电荷的 DNA 结合，形成包裹 DNA 的膜泡，当其与带负电荷的细胞膜相互吸附时，可通过细胞内吞作用将 DNA 导入细胞内，DNA 释放出来后可通过核孔进入细胞核，从而发挥其生物学功能。

【实验用品】

1. 材料

人宫颈癌 HeLa 细胞系、带有绿色荧光蛋白（GFP）基因的真核表达质粒载体。

2. 器材

超净工作台、CO_2 培养箱、倒置荧光显微镜、6 孔细胞培养板、1.5ml 离心管、移液器等。

3. 试剂

（1）DMEM 完全细胞培养基（见实验二十六）。

（2）转染试剂：阳离子脂质体 Lipofectamine® 2000。

【实验方法】

（1）细胞培养：将 HeLa 细胞接种于 6 孔细胞培养板，培养至细胞覆盖率达到 70%～90%。

（2）转染混合液配制：Mix A 用 50μl DMEM 完全细胞培养基加入 3～5μl Lipofectamine® 2000，轻轻混匀。Mix B 用 50μl DMEM 完全细胞培养基加入 2μg 质粒载体，混匀。然后将 Mix A 与 Mix B 混匀，室温放置 5～10min。

（3）细胞转染：取出 6 孔板培养的细胞，将转染混合液加入培养液中，轻轻摇晃混匀。放回 CO_2 培养箱，于 37℃、5% CO_2 转染 24h。

（4）使用倒置荧光显微镜观察。

【实验结果】

使用倒置荧光显微镜分别在光镜下和绿色荧光通道下进行拍照，并进行图像合成。光镜下可见所有的细胞；绿色荧光通道下，转染成功的细胞可观察到 GFP 的绿色荧光（图 51-1）。

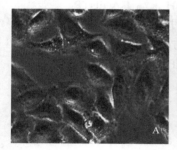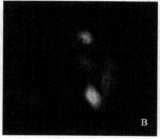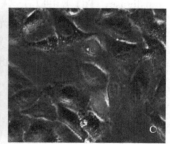

图 51-1　脂质体介导的细胞转染（10×）
A. 光镜；B. 绿色荧光通道；C. 合成

【注意事项】

1. 细胞培养时以培养板细胞覆盖率在 70%～90% 最佳，细胞稀疏或细胞过密均不适合细胞转染。

2. 转染混合液配制时应轻轻混匀，大力度混匀会影响 Lipofectamine® 2000 的效果。

【思考题】

1. 脂质体转染与其他转染方法有何区别？各有什么优缺点？

2. 有哪些因素会影响转染效率？

TUNEL 法检测细胞凋亡

扫码看彩图

【实验目的】

1. 了解细胞凋亡的过程和机制。
2. 掌握 TUNEL 法的原理和操作步骤。

【实验原理】

当细胞发生凋亡时，会伴随着一些 DNA 内切酶的激活。这些 DNA 内切酶会在核小体之间将基因组 DNA 切断，形成长短不一的 DNA 片段。这些片段的 3′ 端有一个暴露在外的羟基（3′-OH）。末端脱氧核苷酸转移酶（terminal deoxynucleotidyl transferase，TdT）可以在这些 DNA 断裂时暴露出的 3′-OH 末端掺入 dUTP。

在反应体系中加入荧光标记的 dUTP，就可以通过流式细胞仪分选或使用荧光显微镜观察细胞中的荧光来检测细胞凋亡，这种方法称为原位末端转移酶标记（terminal deoxynucleotidyl transferase-mediated dUTP-biotin nick end labeling，TUNEL）法。

【实验用品】

1. 材料

鼠淋巴瘤 EL4 细胞系或其他悬浮生长的细胞系。

2. 器材

CO_2 培养箱、超净工作台、离心机、离心管、细胞培养瓶、移液器、荧光显微镜、载玻片等。

3. 试剂

（1）1640 细胞完全培养基（见实验二十七）。

（2）TUNEL 细胞凋亡检测试剂盒（FITC）。

（3）其他：VP-16、DMSO、1% 多聚甲醛（PBS 配制）、PBS（pH7.4）、0.2% Triton X-100、BSA、防荧光猝灭剂（含 1.5μg/ml DAPI）等。

（4）细胞凋亡诱导药物：VP-16、DMSO、甲醛等。

【实验方法】

（1）药物处理：在实验前 24h 左右向培养的细胞中加诱导细胞凋亡的药物（如

VP-16、DMSO、甲醛等）。

（2）将细胞直接转移至15ml离心管中。

（3）1000r/min离心3～10min，吸去上清液。

（4）加入1ml PBS悬浮细胞，1000r/min离心3～10min。

（5）吸去上清液，加入1ml 1%多聚甲醛，孵育10～20min。

（6）1000r/min离心3～5min，吸去上清液。加入1ml 0.2% Triton X-100，室温处理5min。

（7）1000r/min离心3～5min，吸去上清液。加入1ml PBS悬浮细胞。

（8）1000r/min离心3～5min，吸去上清液。

（9）加入100μl 1×Equilibration Buffer室温孵育10～30min。

（10）1000r/min离心3～5min，吸去上清液。加入50μl TdT孵育缓冲液（成分见表52-1），37℃孵育0.5～1h。

表52-1　TdT孵育缓冲液成分（50μl体系）

组分	体积/μl
双蒸水	34
5×平衡缓冲液	10
FITC-12-dUTP标记混合液	5
TdT酶	1

（11）1000r/min离心3～5min，吸去上清液。加入含0.1% Triton X-100和5mg/ml BSA的1ml PBS重悬细胞，孵育5min。

（12）1000r/min离心3～5min，吸去上清液。加入50μl PBS重悬细胞。

（13）取10μl细胞悬液和防荧光猝灭剂（含1.5μg/ml DAPI）混合后，滴在洁净的载玻片上。

（14）荧光显微镜下观察，细胞核中被FITC标记的绿色点即细胞凋亡过程中基因组DNA断裂暴露出的3'-OH。

【实验结果】

荧光显微镜下，使用蓝光激发可观察到细胞核中基因组DNA断裂暴露出的3'-OH被FITC标记而发出的绿色荧光，从而检测到细胞凋亡的情况（图52-1）。

【注意事项】

1.药物处理的浓度和时间需要根据细胞的生长状态来确定。

2.实验中，需要尽快使用荧光显微镜观察并采集图像，以防荧光发生猝灭。

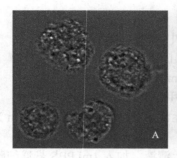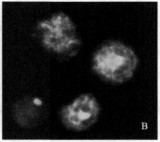

图 52-1　TUNEL 法检测细胞凋亡（100×）

A. 光镜；B. 绿色荧光通道

【思考题】

1. 细胞核中绿色荧光的强弱跟哪些因素相关？

2. 实验中加入 Triton X-100 的作用是什么？是否可以用其他试剂代替？

3. 除了多聚甲醛，还有那些常用的固定剂？它们的特点都是什么？

实验五十三

Annexin V-FITC 和 PI 联用检测细胞凋亡

【实验目的】

1. 了解细胞凋亡过程中磷脂酰丝氨酸的定位情况。
2. 掌握 Annexin V-FITC 和 PI 联用法的原理和操作步骤。

扫码看彩图

【实验原理】

细胞凋亡也称细胞程序性死亡，是一种受基因调控的自主死亡方式。细胞凋亡参与机体发育的调节、内环境稳态的维持及免疫耐受的形成，是一种普遍存在的细胞生理现象，贯穿于生命的整个过程。Annexin V-FITC 和 PI 联用法是常用的检测细胞凋亡的方法之一。

细胞凋亡早期，细胞膜内侧的磷脂酰丝氨酸会翻转到细胞膜外侧，磷脂结合蛋白（Annexin）V 可以跟暴露在细胞膜外侧的磷脂酰丝氨酸特异性结合。如果用荧光蛋白 FITC 对 Annexin V 进行标记，就可以使早期凋亡的细胞在荧光显微镜下发出绿色荧光。当细胞凋亡进入中晚期，细胞膜破裂不再完整，核酸染料碘化丙啶（PI）就可以穿过细胞膜，跟细胞核中的核酸结合，使细胞核在荧光显微镜下发出红色荧光。利用 Annexin V-FITC 和 PI 联用，就可以区分凋亡早期细胞和凋亡中晚期细胞。

【实验用品】

1. 材料

鼠淋巴瘤 EL4 细胞系或其他悬浮生长的细胞系。

2. 器材

移液器、离心管、离心机、超净工作台、CO_2 培养箱、盖玻片、载玻片、荧光显微镜等。

3. 试剂

（1）PBS（pH7.4）（见实验九）。

（2）Annexin V-FITC：20μg/ml Annexin V-FITC，PBS 配制，避光保存。

（3）PI：50μg/ml PI，PBS 配制，避光保存。

（4）10× 结合缓冲液：0.1mol/L HEPES、1.4mol/L NaCl、25mmol/L $CaCl_2$，使用时稀释 10 倍。

（5）凋亡诱导剂：H_2O_2 或其他可诱导细胞凋亡的试剂。

【实验方法】

（1）向生长状态良好的 EL4 细胞加入终浓度为 200mmol/L 的 H_2O_2，处理 24h。

（2）1000r/min 离心 5min，收集细胞。

（3）加入 1ml PBS，重悬清洗细胞，1000r/min 离心 5min，弃上清。

（4）加入 100μl 结合缓冲液重悬细胞。

（5）加入 5μl Annexin V-FITC（20μg/ml）和 10μl PI（50μg/ml）混匀，避光孵育 10～20min。

（6）1000r/min 离心 5min，收集细胞。

（7）加入 1ml 结合缓冲液清洗细胞，1000r/min 离心 5min，弃上清。

（8）加入 100μl 结合缓冲液重悬细胞。

（9）取 10μl 细胞悬液滴在洁净的载玻片上，盖上盖玻片，在荧光显微镜下观察。

【实验结果】

凋亡早期的细胞，细胞膜内侧的磷脂酰丝氨酸翻转到外侧，可以被 Annexin V-FITC 特异染色，但细胞膜仍保持其完整性，PI 不能进入细胞内，在荧光显微镜下只能观察到绿色荧光，观察不到红色荧光（图 53-1 下方细胞）。凋亡晚期的细胞，细胞膜破裂，PI 可以进入细胞同细胞核结合，在荧光显微镜下既可以观察到绿色荧光，也可以观察到红色荧光（图 53-1 上方细胞）。

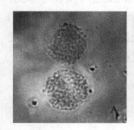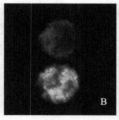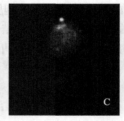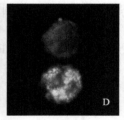

图 53-1　Annexin V-FITC 和 PI 联用检测细胞凋亡（40×）

A. 光镜；B. 绿色荧光通道；C. 红色荧光通道；D. B、C 合成

【注意事项】

1. 操作过程不可过于剧烈，避免损伤细胞的细胞膜导致凋亡晚期细胞比例过高。

2. 实验材料必须为活细胞，不可对细胞进行固定、打孔等破坏细胞膜的操作。

【思考题】

1. 正常细胞经 Annexin V-FITC 和 PI 双染后，会观察到什么现象？

2. 如果使用贴壁生长的细胞作为实验材料，实验方法应该如何调整？

参 考 文 献

刁勇，许瑞安．2009．细胞生物技术实验指南．北京：化学工业出版社

丁明孝，苏都莫日根，王喜忠，等．2013．细胞生物学实验指南．2版．北京：高等教育出版社

丁明孝，王喜忠，张传茂．2020．细胞生物学．5版．北京：高等教育出版社

李芬．2007．细胞生物学实验技术．北京：科学出版社

刘爱平．2012．细胞生物学荧光技术原理和应用．2版．合肥：中国科技大学出版社

刘斌．2018．细胞培养．3版．北京：世界图书出版社

王崇英，侯岁稳，高欢．2017．细胞生物学实验．4版．北京：高等教育出版社

王金发，何炎明，刘兵．2011．细胞生物学实验教程．2版．北京：科学出版社

王金发．2020．细胞生物学．2版．北京：科学出版社

辛华．2009．现代细胞生物学技术．北京：科学出版社

印莉萍，李静，于荣．2015．细胞生物学实验技术教程．4版．北京：科学出版社

余光辉．2014．图解细胞生物学实验教程．北京：化学工业出版社

章静波，黄东阳，方谨．2011．细胞生物学实验技术．2版．北京：化学工业出版社

左伋，刘艳平．2015．细胞生物学．3版．北京：人民卫生出版社

曾宪录，巴雪青，朱筱娟．2011．细胞生物学实验指导．北京：高等教育出版社